戦争と哲学

岡本裕一朗

マイナビ新書

はじめに～戦争は哲学のテーマとしてふさわしくない？

「戦争と哲学」というテーマを語る場合、〝戦争を肯定するための哲学ではありません〟というような弁明をしなければならないことになり、そのこと自体が非常に奇妙なことだと思っています。

普通の常識からすると、戦争と哲学は対立しているもののように思われている節があり、それゆえ、あらためて戦争と哲学というテーマを持ち出すと、「なんだ、この著者は戦争を肯定するのか」というように思われがちになるのです。

しかし今回は、戦争を肯定するとか、戦争を否定するとか、そういったスタンスで論じていくわけではなく、なぜ哲学が戦争と関わるのか、戦争を通して哲学をどのように見るべきなのか、そういった問題を考えたいと思っています。

私自身、哲学者として「戦争と哲学」の問題を考えることは非常に重要なことだと思っています。しかし、哲学の入門書や哲学書などで、戦争について論じられていることは極めて少なく、特に日本の場合は皆無ではないかと思います。

実際には、歴史をさかのぼれば多くの哲学者たちが戦争に従軍しているという事実があります。反戦運動を行ったという哲学者もいますが、それは基本的に第二次世界大戦後の話で、第一次世界大戦の頃は、ハイデガーもヴィトゲンシュタインも、『幸福論』を書いたアランでさえも、みんな当然のように従軍しており、特に反対するような動きは見せていません。

戦争というと、特に日本の場合は、第二次世界大戦後の「絶対平和主義」が大前提になり、それ以外の形で議論を始めようとすると、それだけで批判の対象となってしまいます。しかし、そういった状況を変えていかないと、いざ歴史を振り返った時に、彼らの言動がほとんど理解できなくなってしまうのです。

戦争の良し悪しとか、戦争に加担する加担しないとか、そういったことで哲学を語るのではなく、なぜ哲学および哲学者が戦争を問題にするのか、あるいはどういった形で問題にするのかを紐解いていくと、意外なことに、敬虔なキリスト教徒だって戦争は肯定するし、理想主義者だって戦争を肯定している。逆に言うと、理想主義者こそが戦争を肯定するという状況まで見えてくるのです。

さらにいえば、歴史的な段階や哲学のあり方によって、戦争と哲学の関係は変わってきます。実際、戦争にも様々な形態がありますので、まずは戦争というものを捉え直す必要があります。単純に、戦争は暴力だ、殺人だ、強奪だといって、最初から〝悪〟と決めつけて、哲学的な問題の範囲外に押し出してしまうことはせず、あらためて哲学において戦争はどのように理解されてきたのかを、いったん冷静になって、歴史的に考えていかないと、現在起こっている戦争の問題に関しても、おそらく上手く理解することはできないのではないかと思います。

もちろん絶対平和主義が駄目だとか間違っているとか、そういう話をしているわけではありません。それにこだわって議論が進まなくなることが問題なのです。絶対的な平和主義と感情的な交戦主義みたいな二元論に陥ってしまうと、おそらく議論はまったく進まなくなります。議論が進まないというのは、哲学においては、一番避けなければならないことなのです。

哲学において、戦争がどのような問題になりうるか、あるいはどのような問題になってきたかについて、これまでほとんど論じられることがなかったのは驚くべきことかもしれません。例えば、プラトンについて教える際も、プラトンと戦争の関わりについては、ほとんど語られることはありませんでした。

カントについても、〝永遠平和主義〟みたいな文脈でしばしば語られますが、カントは別に戦争一般を否定しているわけではありません。王が常備軍として、軍隊を整えて戦争をすることに対しては批判的でしたが、国民が戦争に参加すること、つまり国民が自国を防衛するための戦争については否定していないのです。

戦争と哲学というと、真逆の領域のように思えるかもしれませんが、決してそういうことはなく、むしろ哲学者は常に戦争について語ってきた部分があります。

しかし、現代においては、なぜか排除され、語られることがありません。そうなると、戦争という問題を現実的に考えなくてはならない局面において、我々の道標となる武器、つまり、考えるための手段がなくなってしまうのです。

それゆえ、今まで哲学において戦争がどのように語られてきたのかを、あらためてもう一度、まとめ直す必要があると思っています。

２０２３年10月　岡本裕一朗

本書で取り上げる主な戦争・騒乱

古代

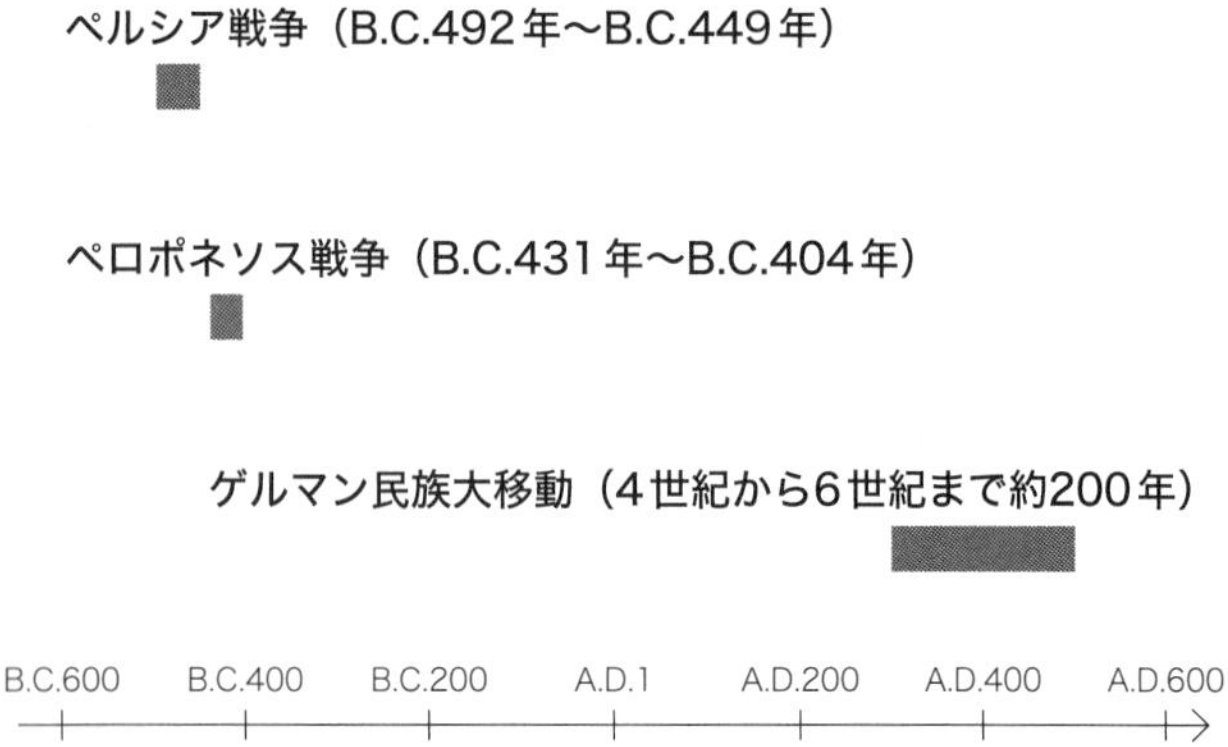

中世

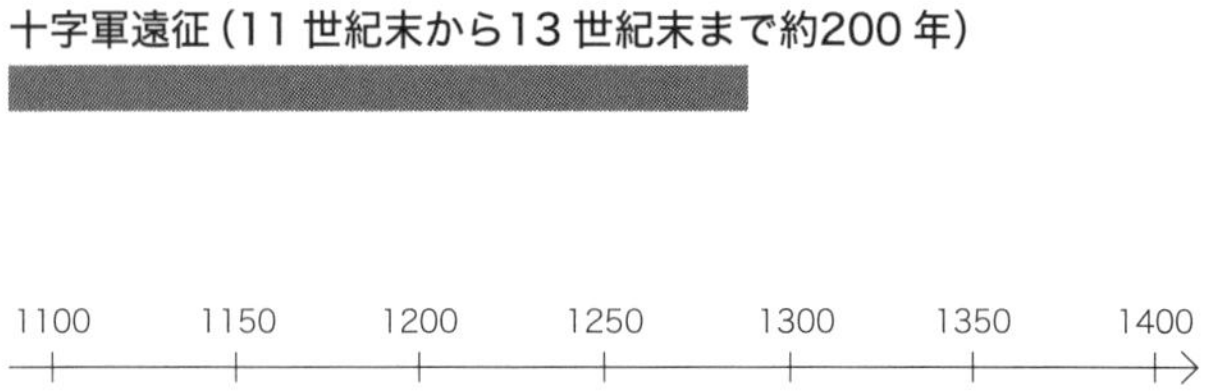

近代

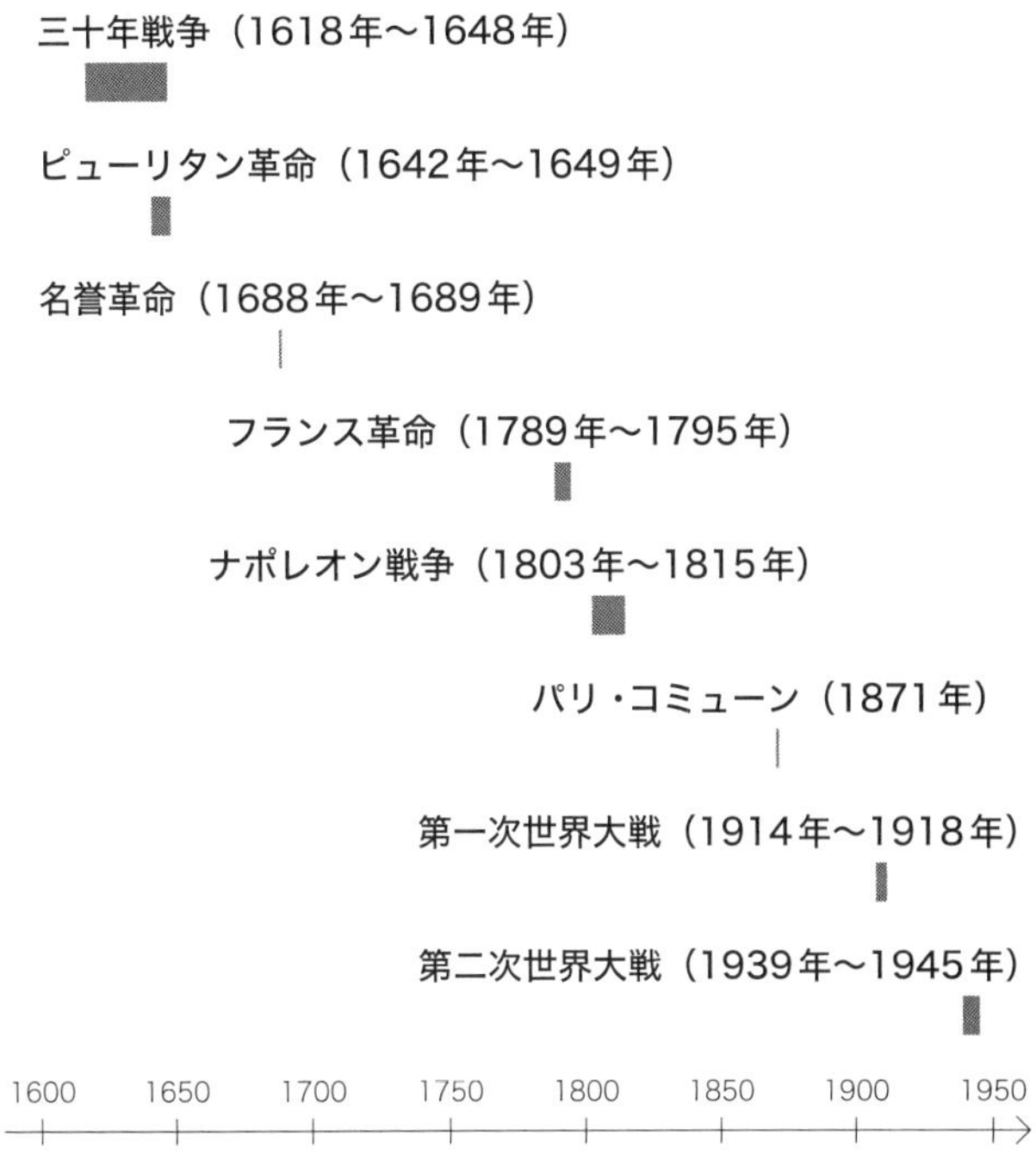
三十年戦争（1618年～1648年）
ピューリタン革命（1642年～1649年）
名誉革命（1688年～1689年）
フランス革命（1789年～1795年）
ナポレオン戦争（1803年～1815年）
パリ・コミューン（1871年）
第一次世界大戦（1914年～1918年）
第二次世界大戦（1939年～1945年）
1600
1650
1700
1750
1800
1850
1900
1950

現代

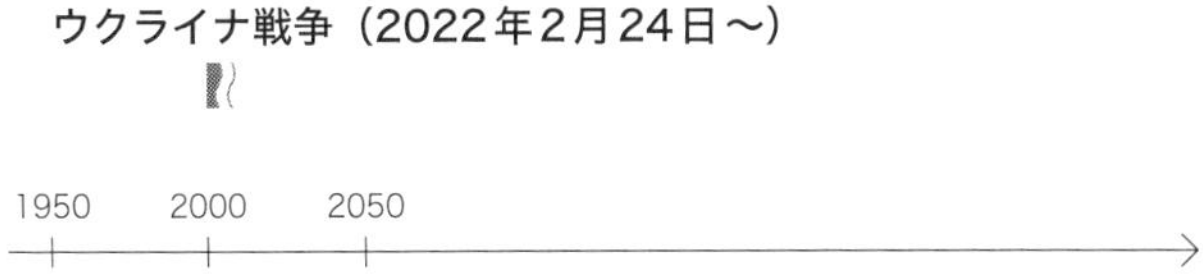
ウクライナ戦争（2022年2月24日～）
1950
2000
2050

戦争と哲学

目次

第2章　ポリスのための戦争

第3章　神のための戦争

第4章　王と市民のための戦争

第5章　国家・国民・民族のための戦争

第6章　革命のための戦争

第7章　総動員としての戦争

第8章　ポストモダンの戦争

序章

戦争には大義が必要

哲学は戦うべき大義を提示する活動である

　戦争というものは、どんな戦争であっても必ず〝大義〟があり、それを掲げて戦います。どんな侵略戦争でも、大義というものは必ずあります。この大義は、英語では cause といい、〝die for a cause（大義のために死ぬ）〟みたいな表現があるように、大義のために死ねるのが戦争と言えるかもしれません。

　一方、哲学は、もともと〝アルケーの探求〟から始まっていますが、このアルケーは原理とか始原などと訳されます。つまり、哲学は、そもそもの理由や原因、一番根本的なものをあらためて問い直していく学問なのです。

　そして、このアルケーを根本的な〝原因〟や〝根拠〟だと理解すれば、それは〝大義〟と言い換えることもできるのです。すなわち、一番根本的なものを掲げて、活動するということから考えると、大義のために戦う戦争と、大義を問い直して提示する哲学は、基本的に繋がっていると考えられます。

その意味では、〝戦うべき大義を提示するのが哲学という学問のひとつの活動〟と言えるかもしれません。

もちろん大義はすべて正しいわけではなく、誤解されることも少なくありません。詳しくは第7章であらためて論じますが、第二次世界大戦前の日本において、戦争教育をしたということで批判を受けることになった京都学派(1)について、ただ批判するだけでなく、まずは彼らがどのような形で戦争に協力したのかを理解する必要があります。

当時、ドイツの哲学者であるシュペングラー(2)が書いた『西洋の没落』が大きな話題となりました。それは、20世紀に入り、西洋、つまりヨーロッパが歴史的にひとつの終わりを迎えているという発想で、それを受けて、京都学派の西田幾多郎(3)や田邉元(4)らは、西洋を東洋思想で〝超克〟するという対立図式を作ったのです。

西洋を東洋の原理で超克するという図式は、当然のように、戦争の中に組み込まれていきました。つまり、日本が〝大東亜共栄圏〟(5)を唱え、東洋の解放という形で西洋と相対したのは、西洋哲学を東洋哲学で超克するという発想の戦争版になるわけです。

西洋の原理を東洋の考え方で超克するという発想自体は、特におかしなものではありません。そうしなければ、永遠に西洋に追随していくということしかできなくなります。しかし、この西洋を東洋が超克するという発想が、現実的な戦争の中に組み込まれ、大東亜戦争という形で西洋に対する東洋の解放という図式を作ってしまった。つまり、〝大義〟を作ってしまったわけです。彼らの哲学原理が、戦争の旗印となり、戦争の大義になってしまったのです。

これは、京都学派に限った問題ではなく、哲学と戦争との関係における、ひとつの大きなモデルケースとなっているような気がします。

これも、言い方を間違えると、戦争に加担した者を評価するのかといった誤解が必ず起こるのですが、京都学派が大東亜共栄圏のような思想を唱えたのは、哲学的なひとつの事件なのです。

〝西洋の没落〟という、西洋で唱えられたひとつの思想に対して、彼らなりの理解の中で、西洋哲学を東洋の思想によって乗り越えるという発想に至ったわけです。この発想そのものは決して間違ったものではありません。実際に乗り越えられるかどうかは別の話ですが。そして、彼らの発想から生まれた〝大東亜共栄圏〟という考え方が、戦争に対するひとつの大義になってしまったのですが、哲学者が戦うべき大義を提示することは当然ありえる話で、これまでの歴史を振り返っても、様々な哲学者がそれを提示してきたのです。

古代ギリシャであれば〝ポリス〟のために。中世であれば〝神〟のために。近代に至れば〝国や民族〟のために。それを哲学的な原理として提示することと、戦争の大義として提示することは、非常に近い関係にあり、その意味では、哲学を理解するためには戦争の問題も考える必要がありますし、戦争の問題は哲学的な表現という形で考えていかなければならないのです。

しかし、これまでは哲学と戦争を別の話だとして、切り離して考えられていました。哲学といえば暴力反対のようなイメージがなぜか非常に強いのですが、そこにこだわってしまうと、戦争を哲学的に理解する道が閉ざされてしまいますし、すべての哲学が戦争に対して一切関わらなかったかのような歪曲されたイメージができてしまいます。だから、批判するにしても、肯定するにしても、まずはその関係性をきちんと捉えることが基本になるのです。

このような話をすると、何か哲学が戦争を擁護しているように誤解されるのが一番大きな問題で、戦争が良いとか悪いとかの話ではなく、少なくとも今までの哲学者は戦争を否定していないということを指摘しているに過ぎないのです。少なくとも〝戦う〟ということそのものは否定していません。あまりこれを強調すると、逆に好戦的なイメージを持たれてしまうかもしれませんが、実際問題、戦争以外にも様々な対立があり、対立そのものは誰も否定しません。そして対立が起こると戦いが起こります。それは暴力に限らず、ディベートだって同じことです。そして、その〝戦い〟そのものは誰も否定していないという話です。

本書における戦争へのアプローチと哲学の立場

歴史的に、戦争と哲学の関係を理解するためのひとつの大きな枠組みとして、理想主義と現実主義という考え方があります。理想主義というのは、英語で言えばアイデアリズムで、哲学においては観念論、理性主義などと言われるものです。もう一方の現実主義は、英語で言えばリアリズムで、現実から出発して考えるというものになります。

この枠組みにおいて戦争を考えると、政治的な戦略の場合、〝グローバリズム〟は理想主義的な流れであり、現実の政治における力関係を示す〝地政学〟は現実主義の流れになります。そして、この理想主義と現実主義の対立は、歴史的に見ても、古代ギリシャから連綿と続く対立のひとつとなっています。

それぞれの詳細はあらためて各章で解説しますが、ここではまずタテ軸となる戦争の枠組みの流れを簡単に紹介していきます。


古代ギリシャのポリスは、〝国家〟あるいは〝都市国家〟などと訳されますが、実際のところ、〝私である我々、我々である私〟といった形で、市民が一体となるというのがポリスのあり方で、これを防衛するのが戦争だったのです。その意味で、古代ギリシャにおける戦争の大義は〝ポリス〟であり、これが戦争のひとつの枠だと考えられます。

ポリスの戦争をひとつの枠と捉えた場合、その中には当然、理想主義的な考え方と現実主義的な考え方があるわけで、理想主義的な考え方の代表がプラトンで、現実主義的な考え方の代表がアリストテレスになります。

プラトンは、ポリスはこうあるべきだという〝理想〟から出発して、ポリスを形成し、そしてポリス間の戦争も当然厭《いと》わない立場を取ります。その意味で言えば、プラトンの構想したポリスは、まさに軍事国家と言っても良いでしょう。

一方、アリストテレスは、現実的なポリスのあり方において、どのような政治ができるのかを考えます。アリストテレスは実際に多くのポリスを見て、その中で一番マシなポリスのあり方を記述するという発想なので、非常に現実的です。

その意味で、アリストテレスの戦争観も非常に現実的で、ポリスの理想を守るために戦争をするのではなく、少なくとも平和である状態を導き出すために戦争をするという、かなり現実的な発想をしているのです（詳しくは第2章で解説）。

中世になると、キリスト教の影響が大きくなります。そのため、中世の戦争は〝神の戦争〟、あるいは〝神のための戦争〟という枠組みになると考えられます。そして、その〝神のための戦争〟も、理想主義的な考え方と現実主義的な考え方に分けることが可能で、理想主義的な考え方がアウグスティヌス、現実主義的な考え方がトマス・アクィナスとなります（詳しくは第3章で解説）。

近代に至ると、近代国家が形成され、王や貴族の軍隊が戦争をするという形態になります。さらに、イギリスでは市民革命も起こり、市民による戦いも始まりました。その意味では、近代は〝王と市民のための戦争〟と位置づけることができるかもしれません。

そして、この時代における理想主義と現実主義の対立は、大陸合理論のデカルトとイギリス経験論のホッブズやロックに引き継がれることになります（詳しくは第4章で解説）。

これに続く、〝国家・国民・民族のための戦争〟における理想主義の代表はカントです。彼は完璧な理想主義者で、〝平和論〟を唱えたりもします。一方、現実主義的な立場なのがヘーゲルで、彼は国家間の対立はなくならないという考え方をしました（詳しくは第5章で解説）。

フランス革命から始まる〝革命のための戦争〟は、階級の戦争と言い換えることができるかもしれません。国家としての国民ではなく、国家の中のある一部の階級の利益を求める戦争であり、ここではマルクスを中心とした哲学者の発想を紹介します（詳しくは第6章で解説）。

第一次世界大戦から始まる〝総力戦〟の時代は、おそらく第二次世界大戦が最後で（詳しくは第7章で解説）、それ以降に繋がる現代の戦争、つまり〝ポストモダンの戦争〟はハイブリッド戦争と呼ばれ、軍事的な戦争だけでなく、サイバー戦や情報戦なども含まれるようになるのです（詳しくは第8章で解説）。

そして、まさに今起こっているウクライナの戦争は、ポストモダンの戦争だと考えられるのです。

※1 京都学派
西田幾多郎と田邊元を中心に、彼らに師事した哲学者たちによって大正・昭和期に形成された学派のことを一般に京都学派と呼ぶ。西洋哲学と東洋哲学の融合を目指したが、次第に西洋の行き詰まりから「大東亜思想」を唱えるに至った。

※2 シュペングラー
オスヴァルト・アルノルト・ゴットフリート・シュペングラー（1880〜1936）。ドイツの哲学者で、非ヨーロッパ諸国の台頭からヨーロッパ文化の衰退を予言した『西洋の没落』で話題を呼ぶ。新たなナショナリズムとして「プロイセン的社会主義」を唱えた。

※3 西田幾多郎
西田幾多郎（にしだきたろう）（1870〜1945）。日本の哲学者で、京都学派の創始者。西洋哲学と東洋哲学の融合を目指した『善の研究』を著すなど、西洋哲学を積極的に採り入れ、東西思想の内面的統一を求めた。

※4 田邊元
田邊元（たなべはじめ）（1885〜1962）。日本の哲学者で、ドイツ留学時にはハイデガーらと交流を深める。カントを研究し、独自の絶対弁証法を唱え、ヘーゲルの観念弁証法やマルクスの唯物弁証法を批判した。

※5　大東亜共栄圏

第二次世界大戦時、欧米列強による植民地支配下にあったアジア諸国を解放し、日本を盟主とした共存共栄のアジア経済圏を成立させるという構想。初期は日本、満州、中国のみが対象だったが、後に東南アジア、インド、オセアニアまで拡張された。

第1章

ウクライナ戦争を考える

ウクライナ戦争は「マイダン・クーデター」に端を発している？

ウクライナの戦争[1]については、〝先に手を出したのは誰か〟で、だいたいの世論は決まってしまった感じはしますが、一般のイメージは、領土欲のプーチンVS悲劇の英雄ゼレンスキーという構図になっていて、大義があるのはゼレンスキーのみである、というものです。これが基本的な認識で、単純に言えば〝先に手を出したほうが悪い〟ということしかないわけです。

しかし、ここで非常に大きな問題は、何をもって〝先に手を出した〟と言えるかということで、それによって大義そのものも変わってしまう可能性がある点です。

今回の戦争は、どこから話を始めるかがポイントになるのですが、おそらく2014年のマイダン・クーデターが一番大きな転換期ではないかと思います。マイダン・クーデターというのは、親ロシア系の大統領を追放した政変なのですが、その親ロシア系の大統領を支持していたのがウクライナの東部と南部、いわゆるドンバス地方やクリミアになります。

なお、親ロシア系の大統領は、ウクライナ国内の問題として追放されたわけではなく、アメリカの関与が認められているのも注目すべきポイントです。しかし、これはあまり報道されず、このクーデターがどうして起こったのかはほとんどわからないまま、親ロシア系の大統領が追放され、代わりに欧米派の大統領が就任。その後の選挙でゼレンスキーが大統領になったという経緯があります。

旧共産圏において民主化を目指すカラー革命と呼ばれる一連の流れも一方であり、欧米の政治家がウクライナで大統領を追放しなければならない、といった演説を行ったこともありました。

そういった流れの中で、まずクリミアが独立宣言を行ったり、ドンバス地方で紛争が起こったのは、ロシア系と欧米系の対立が大きなきっかけとなっており、親ロシア系の東部がロシアに対して助けを求めたことから今回の戦争が始まっていると言われています。

プーチンは演説の中で、〝東部の住民を守る〟という言い方をするのですが、それ自体は彼の中では嘘ではないのです。少なくとも、プーチン、そしてロシアは、あくまでも助けを求められたから攻撃したという考え方なのです。

グローバリズム対ユーラシア主義の対立

ウクライナにおける欧米系とロシア系の対立は根深く、それでも何とか均衡が保たれていたのですが、マイダン・クーデター以降、ロシア語の使用が禁止されるなど、火種が大きくなっていったという流れもあります。

先に軍事行動を起こしたのはロシアであり、そのロシアの侵略に対抗するというのがウクライナ、いわばゼレンスキー派の大義です。一方で、政府の弾圧を感じた東部住民がロシアに助けを求め、その要望にロシアが応えた。その意味では、ロシアにも大義があるわけです。ただ、それがどれだけ世界に知られていて、さらに認められているかは別の問題です。

ウクライナ問題の大義には様々なレベルがあり、欧米が唱える〝リベラルデモクラシー〟、自由な民主主義を全世界に広げるという動きもひとつの大義であり、これは〝グローバリズムの大義〟と呼ばれます。

それに対して、プーチンや、プーチンの頭脳と言われる哲学者ドゥーギン(2)は〝ユーラシア主義〟を唱えます。これは、ロシアやウクライナが西洋的な文化とは違うことを主張し、西洋的な文化一色に塗りつぶしてしまうことを批判する考え方ですが、その意味では、グローバリズム対ユーラシア主義の対立も大義として考えられるわけです。このグローバリズム対ユーラシア主義は、一極主義対多極主義の対立と言い換えることができるかもしれません。

そしてさらに、軍事的な意味で言えば、欧米がＮＡＴＯ軍（北大西洋条約機構）を拡大し、ウクライナ、つまりロシアの喉元まで広げようとしており、それに対して、徹底的に抵抗したというのもロシアにとっての大義と言えるかもしれません。

もともと、ワルシャワ条約機構を廃止した際に、ＮＡＴＯを拡大しないという約束が交わされていました。それにも関わらず、どんどん拡大し、隣国のウクライナにまで影響が及びだしました。ウクライナに核兵器が配置されることもありえますから、ロシアの立場では、当然許すことはできません。つまり、ＮＡＴＯ軍の拡大に対するロシアとしての防衛意識も大義となるわけです。

実際、アメリカの政治学者であるミアシャイマーやフランスのトッドは、今回のウクライナ問題はアメリカによるＮＡＴＯ軍拡大が引き金になっていると主張しています。

そのほか、ウクライナでは、欧米系と呼ばれる、ネオリベラリズム系(3)で、ネオコンサバティズム(4)の資本に入りたいという人たちとロシア語系の住民、さらにはアゾフ大隊(5)などウクライナ独自の民族系による対立が以前からあり、今回、アゾフ大隊が欧米系と結びついた形で、親ロシア系との対立図式ができあがったのも大きな要因となっています。

マッキンダーの地政学と大陸地政学の対立

このように大義が重層化している中、今回のウクライナ問題をどのように理解すべきかが重要で、特に我々をはじめ多くの人は、ごく一部の情報だけで大義を理解してしまうため、領土欲に燃えたロシアと弱小のウクライナという図式をイメージしてしまうのは、ある意味では当然であり、それも戦略のひとつとなっているのです。

欧米メディアの主流は〝ロシアの侵攻に対してウクライナを防衛する〟という

国内統一派であり、それに対して、マイダン・クーデター以降の、東部ロシア語系住民に対する攻撃に対抗する分離独立派。この対立において、どちらが正しいかという話は別にして、戦争には様々な大義がありうることを理解することが大事で、そのレベルの違いを確認しながらでなければ戦争を評価することはできないのです。

一方、地政学的な話をすれば、アングロサクソン系は海を基本に考えて、そこから勢力を広げていくというものがあります。これは、イギリスの地政学の父と呼ばれるマッキンダー(6)の地政学で、海からヨーロッパ大陸を攻めていくという形で、支配権を作っていくという考え方です。

これに対して、ドイツ系の地政学は大陸地政学と呼ばれ、この場合は、ドイツとロシアが結びつくのが最強であるという考え方になります。ロシアの戦略はこの大陸地政学に基づいている部分があり、バルト海を経由してロシアからドイツに繋がる天然ガスの海底パイプラインのノルドストリームを破壊したのも、ロシアとドイツの結びつきを恐れるために、遂行されたのではないかと言われています。

ロシアの地政学において一番重要なポイントはウクライナで、ハートランドと呼ばれるぐらい、ユーラシア大陸の中心地として重視されるのですが、一方の海洋中心の地政学にとっても重要な土地になっているため、いずれの場合も、ウクライナを押さえたほうが地政学的に有利になるのです。

どの大義を支持するかで、世界の見え方が変わってくる

様々な大義が重なり合うウクライナ問題ですが、その意味では、この戦争そのものをどのレベルで理解するかが重要となります。プーチンがウクライナに侵攻したというのが一番単純な理解で、実際、ほとんどこれしか伝えられていないのが現状です。しかし、戦争はそんなに単純ではなく、これはほんの一部でしかな

いのです。ロシアがロシアなりの大義を示しているのは間違いありません。そして、その大義が大義足りうるかどうかを問うのが哲学の仕事と言えるかもしれません。

ここで誤解しないでほしいのは、決してどちらかが正しいとか、どちらかを擁護するとかいった意図はないということです。「戦争には大義が必要」というのは間違いありません。単なる小競り合いではないですし、何かを盗むといったレベルでもありません。戦うためには必ず、なぜ自分たちに戦う理由があるかを提示することに意味があるのです。

そして、この大義とは一体何なのか、それがはたして正当化されるかどうかを探求するのが哲学なのです。その意味で、哲学者たちは大義のための戦争は否定しなかったし、今後もしないと思います。それは、哲学はあくまでも大義が何かを探求し、根拠があるかどうかを検討する学問だからです。

歴史的にさかのぼり、様々な戦争にはどのような大義があったのか。そして哲学者たちはその大義についてどのように検証・議論をしたのかを確認することが、現在起こっていることを冷静かつ正確に検討する一助になると思っています。

※1　ウクライナ戦争
2022年2月24日に始まったロシア連邦によるウクライナへの軍事侵攻の略称。2014年のロシアによるクリミア半島の併合やウクライナ南東部のドンバス地方における対立・紛争を経て、「特別軍事作戦」と称して、ロシアがウクライナ各地への攻撃を開始した。

※2　ドゥーギン
アレクサンドル・ドゥーギン（1962〜）。ロシアの政治活動家であり哲学者。「プーチンの頭脳」とも呼ばれる。著書『地政学の基礎』で、ユーラシア主義の立場を確立し、2008年から2014年までモスクワ大学の教授を務めた。

※3　ネオリベラリズム
「新自由主義」とも呼ばれる、1980年代以降に主流となった思想や政策の潮流。国や政府による市場などへの介入を最小限に抑え、個人や企業による自由な市場競争によって経済の効率化や活性化を目指す。

※4　ネオコンサバティズム
「新保守主義」とも呼ばれるアメリカの政治イデオロギー。政府による介入を抑えた自由主義的な経済活動を原則とし、国防や安全保障に重点を置く一方で、キリスト教の伝統的な価値観の復活を目指す考え方。

※5 アゾフ大隊
アゾフ特殊作戦分遣隊、アゾフ連隊とも呼ばれる、ウクライナ国家警備隊に所属する準軍事組織。2014年に起こったウクライナでの親ロシア派騒乱において、親ロシア派に対抗するため発足した。

※6 マッキンダー
ハルフォード・マッキンダー（1861〜1947）。イギリスの地理学者で政治家。「地政学の父」と呼ばれる。ハートランド理論を提唱し、第一次世界大戦を、ユーラシア大陸の心臓部（ハートランド）を巡る、ランドパワーとシーパワーによる闘争であるとみなした。

第2章

ポリスのための戦争

哲学の始まりはイオニア自然学から……という定説

哲学の始まりは、タレス(1)らイオニアの自然学だと言われています。イオニアは今でいうトルコの地中海に面している土地で、当時のギリシャの中では一番栄えていたのですが、背後にはペルシア帝国という非常に大きな帝国が控えており、属国になれとか、支配を受けろなどの様々な要求を受けていました。そういった対立関係の中、ペルシアの要求を拒否したことがペルシア戦争(2)の原因となったのです。

その中でタレスは、ペルシアへの従属を免れるために、ギリシャのポリス連合を結成しようとしたのですが、それが上手く行かずに滅んだと言われています。つまり、哲学はその始まりから、ペルシア戦争といった戦争と関わりがあり、その意味でも、戦争というものを抜きにして哲学の成立は語れないと言えるかもしれません。

その後、ヘラクレイトス(3)がペルシアに招聘されたのですが、彼は断りました。そのヘラクレイトスの非常に有名な断章の中に、「戦争は万物の父であり、万物の王である」という言葉があります。結局、哲学者が戦争を無視する、あるいは拒否する、あるいは何も考えないということはなく、むしろ戦争、戦いというものに直面し、それをどのように理論化、また根拠付けするか。そして、その根拠、根源を求めることが、哲学における重要な問いだったのです。

そして、哲学誕生の地と言われるイオニア地方において、イオニア人たちが探求したのが〝アルケー〟であり、哲学は〝アルケーの探求〟として成立したと言えるのです。そのアルケーは、戦争で言えば大義という形で考えることができるので、哲学者たちの活動そのものが戦争と隣り合わせにあり、決して無関係ではなかったのです。

しかし、我々がいま哲学を語る時、それらの存在を無視してしまいます。ギリシャ哲学がどうやって成立したのかを語る時、ただ自然哲学から生まれたと言い、あたかも自然哲学だけが独自で成立したかのように話しますが、実際はペルシアとの、決して友好的ではない関係性を抜きにして語ることはできないのです。

ほとんどの哲学書には書かれていませんが、戦争を抜きにして、ギリシャ哲学は語れません。ペルシアとの戦い、あるいはポリス間の戦い、こういった戦いが常にあって、その中で初めて哲学というものが誕生しているということを私たちは忘れてしまっているのです。

戦争抜きに哲学は語れません。哲学にとって戦争は、単なる補助的なものでも、ちょっとした偶然でもないのです。まさに戦争の過程の中で初めて哲学は成立しているわけです。しかし私たちは、戦争と哲学が密接に繋がっているという理解をしてきませんでした。

ソクラテスと戦争〜戦争を否定せず当然の活動として従軍した

さて、哲学の起源については、イオニア自然学ではなく、人間の生き方をモデルに道徳や倫理学を説いたソクラテス(4)だと言われる場合もあります。プラトン(5)やアリストテレス(6)らは、ソクラテスが一番最初だという言い方をしますが、イオニア自然学が先にあったのは間違いのないことですし、いずれが起源であっても、根源とは一体何かを常に問うという姿勢はまったく同じでした。

もちろん、ソクラテスとイオニアでは少し異なるのですが、いずれにしても、根拠は何か、根源は何かを探求すること自体は、ずっと連続的に行われてきたのです。

戦争で言えば、ソクラテス自身が戦争に赴いているのは非常に有名な話ですが、彼は戦争を否定することもなく、むしろポリスの一員として当然の活動として、重装兵となって従軍しています。重装兵は、装備として盾を持っていくのですが、その盾は各個人の私物で、自らいろいろな装飾を施すそうです。そして、当時の流行は、金ピカの重い盾だったらしく、それに対してソクラテスは批判的な立場を取りました。彼が批判的だったのは、重くなると身動きが取りづらく、戦いにくいということが理由で、戦うことそのものを拒否しているわけではありません。あくまでも戦うことを前提とした上で、いかに上手く戦うべきかを問題にしているわけです。

もともとソクラテスは、戦争を否定しないだけでなく、戦うこと自体、ポリスの一員として重要な仕事であることを自覚していました。そして、それを前提に、どういう形でポリスを形成していくのかを考えたのがプラトンです。

プラトンの哲学はイデア論、理想主義

プラトンは、貴族の出身なので、若い時に従軍の経験があります。プラトンの

一番重要な著作と言われる『ポリテイア』は、「国家」と訳されますが、本来は〝ポリスの事柄〟という意味であり、ポリスをいかに形成するか、どういうポリスを作っていくのかという、彼にとって最も重要な理論が形成された著作なのです。

プラトンは、『ポリテイア』の中で「魂の三分説」を展開しており、人間の魂には、知性の部分と気概の部分と欲求の部分があり、この3つがそのまま階級に繋がるとしています。知性が哲学者、気概が軍人、欲求が農業や商業といった具合に。

ここでひとつ重要なのは、もともとポリスは、完璧な軍隊国家だということです。軍人が常設されているわけではなく、戦争が起これば、いつでも自由人が戦争に赴くのが基本でした。だから、プラトンがポリスのあり方を語るということは、どのような形で戦争に参加するかも、どのような形で政治に参加するかと同じように、基本モデルとして用意しているのです。

プラトンの哲学が理想主義だと言われるのは、ポリスはどのようなポリスであるべきかという、まさに理想的なポリスのモデルを作ることが、プラトンの発想だったからです。そのポリスの理想的なモデルに向かって、どのような教育を国民に施すか、どのような社会組織、人間関係を作っていくかが『ポリテイア』では語られており、その中には、他のポリスとの戦争も当然含まれているのです。

それは領土を増やしていくというようなことではなく、理想の国家、理想のポリスとはどのようなものであるかということの中に、対立するポリスがあった場合は、当然それに戦いを挑むということが、彼の中では否定されていないのです。


プラトンはイデア論において、現実的なものから離れた普遍的な本質をイデアと呼ぶわけですが、これはポリスのあり方も同じで、現実的なポリスに対して、本来あるべき姿のポリスをイメージし、実際にそのポリスを作るために政治改革を企てようとしました。それ自体は失敗したのですが、その意味では、彼のスタイルは、哲学的にはイデア論ですが、政治的、軍事的には理想主義なのです。理想に基づいて、現実を律していくという形で考えていくのです。

政治や戦争も、こうあるべきだという理想に基づいて行動する。つまり、現実から離れた形で組み立てていくのがプラトンの哲学の基本だとすると、戦争についても、それに基づいて考えるわけです。

だから軍人は、ポリス市民であることが必須で、外国人は不可。この時代の軍人は、すべて自由市民です。そして、祖国を守る、つまり自分の命を捨てることができるようなポリスこそが大義だと考えます。

アリストテレスの哲学は経験主義、現実主義

一方のアリストテレスは戦争に赴くことはありませんでしたが、それは彼が戦

争反対の立場を取っていたからではありません。彼は外国人であったため、基本的に軍人になれなかっただけの話なのです。

——私はすべての人のために、すべての人は私のために、私とすべての人が一体化する——

これが古代ギリシャのポリスにおけるひとつのモデルであり、これに従って戦争に赴くわけです。だから、戦争に反対する理由などはなく、私のためだけではなく、すべての人のために戦う、つまり、自分たちのポリスを守るということが大前提になっているのです。

実際、アテネとスパルタの対立のように、ポリス間の対立は、ソクラテスの時代にもプラトンの時代にもアリストテレスの時代にもずっとありました。古代ギリシャは、文化的な発達が注目されがちですが、農業的にも肥沃な土地であり、それゆえに侵略されることも、対立することも多かったのです。そして、自分たちのポリスを守るということが、非常に大きな課題になっていたのです。

あくまでも外国人として、冷静な観察者として

アリストテレスは、先にも説明した通り、彼は外国人だったので、ポリスの活動に直接的に参加することができませんでした。その意味で、彼は常に観察者だったわけです。だから自分で戦争に赴くのではなく、あくまでもどういう形で戦争が行われているのかを観察する立場を取りました。

プラトンの『ポリテイア』に対して、アリストテレスが『ポリティケー』という本を書いています。現在では「政治学」と訳されますが、その中には、ポリスの組織はどういったものかが書かれています。プラトンと異なるのは、ポリスをギリシャだけに限定せず、コスモポリタン的な視線で俯瞰しているところです。それはアリストテレスが、ギリシャ世界をある程度統一し、さらに東アジアまで版図を広げるために世界戦争を始めようとしたマケドニア王・フィリッポス2世

に招聘され、その息子であるアレクサンダー大王の家庭教師を務めていたことも
ひとつの大きな理由ではないかと思います。

世界戦争とポリス間の関係を考えると、アリストテレスも、戦争とまったく無縁な形で理論活動をすることはなかったのです。プラトンは、自分自身が従軍するだけでなく、理想のポリスを形成するために政治改革にも携わったのですが、アリストテレスは自ら政治改革をすることもなく、そして従軍することもなく、あくまでも観察者という立場でした。

それにも関わらず、ポリス間の結合というヘレニズム国家、そして帝国を作り上げるアレクサンダー大王との関わりの中から、次の時代のための戦争を想定し、それに対してどのような形でポリスを形成するかが、彼の基本的な発想になったわけです。

だからアリストテレスは、戦争にしても政治学にしても、基本的には経験主義

でした。『ポリティケー』を書くとき、100を超える様々な地域を観察し、そこからの情報をもとにポリスのあり方を調べ上げています。

プラトンのように、ポリスはかくあるべしという姿を想定した上で理論形成するのではなく、現実のポリスはどういうものかを調べて、その中からあるべきポリスの姿を考えていこうというのがアリストテレスの基本姿勢だったのです。

古代ギリシャにおいて、外国人は一等市民とは認められませんでした。だから、プラトンはポリスにコミットしましたが、アリストテレスは最初からコミットすることができず、それゆえに、ポリスはかくあるべきだというイメージを持たなかったのかもしれません。そして、あくまでも観察者として、どのようなポリスであれば長持ちするかを考えたのです。

プラトンは、哲人王と言って、哲学者が私利私欲を持たずに、ポリス全体のあり方に配慮する方向で考えるのですが、アリストテレスにとっては、哲学者も人間のうちの一種にすぎず、様々な欲望によって独裁者になるのは当然の帰結だと考えました。つまり彼は、哲学者が王になるなんてそもそも不可能であると、冷めた目で見ていたわけです。

そもそも彼には、自分がポリスの王になるといった発想が最初からなかったのです。これがプラトンとアリストテレスの違いを考える上での重要なポイントになると思います。プラトンは、国家とはかくあるべきだというひとつのモデルを最初に作り、その中に自分が哲人王になるみたいな形のモデルを引き込んでいったわけですが、一方のアリストテレスは、経験主義的な立ち位置で、外からポリスを眺め、歴史的かつ現実的に100%完璧なポリスなんて存在しないのだから、現実的に長持ちするポリスの形を理論形成するべきだと考えたのです。

平和のために戦争をする

そして、アリストテレスには、平和のために戦争をするという発想がありました。ここで注意しなければならないのは、彼は決して、いわゆる平和を望んでいたわけではないことです。仕事をすれば、その後に安逸な生活ができるというのと同じように、戦争をすれば、平和になるから、安定した政治支配ができるという発想です。ある意味、非常に常識的な発想ですが、おそらくプラトンにはなかった発想だと思います。

アリストテレスは、決して平和のほうが倫理的に良いと考えていたわけではありません。平和のほうが戦争より優れているから、平和実現のために戦争をするという意味ではないところに注意が必要です。

現代では、そういった解釈が行われることも少なくありませんが、忙しく働けば、その後に少し安らかな時間が持てるくらいの意味合いしかなかったのです。

忙しく働くことが目的ではなく、ゆっくりした時間を持つためには、忙しく仕事をしないといけないといった程度で、そこまで深い意味はありませんでした。その意味でも、アリストテレスがいわゆる平和主義者ではなかったことも押さえておきたいポイントになります。

自由民にとって一番重要なのは、支配されないということです。つまり、他のポリスに支配されないために、戦争をするわけです。戦争に負けると奴隷になり、自由民として一番大事なものを失ってしまうことを彼らは知っていたのです。

20世紀の哲学者であるカール・ポパー(7)は、ポリス主義は全体主義であり、ナチスに結びつくと言って、プラトンを批判します。もちろん、これに対する批判もありますが、プラトンの考えるポリスは、個人的な自由が基本的には認められないので、全体主義であることは間違いありません。

農民や商人は、非常に個人的な欲望が強く出てくるから、軍人が支配する必要があり、その方法は哲学者が差配するという発想なので、個人的な自由はそもそもありません。

プラトンは全体主義？

プラトンの理想は、すべての人がポリスに平等に関わるところにあります。だから、男性と女性という区別もなく、市民であれば、男性も女性も同じように戦争に参加するべきだと考えていますし、さらに言えば、女性の共有性を唱え、子供はポリス全体で育てる必要があり、誰の子供かは重要ではないというのがプラトンの発想です。それゆえに全体主義と言われるのであり、実際にナチスはこれを継承しようとしたのです。

プラトンのポリスには個人的な自由は一切なく、すべてが共有制であり、すべてが共同性であり、すべてはポリスのためだと考えられます。プラトンの想定するポリスは、ヘーゲルの言い方を借りれば「美しきポリス」なのですが、この美しきというのは、すべてのものが調和しているという意味であり、調和はしていますが、個人的な自由は一切ありません。

そういった、プラトン、ナチス、共産主義、スターリン主義のような流れをポパーは批判したわけです。

コラム①

フェミニズムと戦争

戦争と女性の関係を考えた場合、しばしば言われるのは、「女性はあまり戦争を望まない」、そして「戦争をするのは男性」といったことで、これは歴史的に見ても事実だと思います。戦争そのものの大きな原因として〝女性の獲得〟というものがあり、勝ったほうが相手の領土の女性を略奪していくということが、有史以来ずっと行われたひとつの形になっています。その意味では、女性は戦争の対象、欲望の対象だったわけです。

男性と女性という話をするとき、犯罪を起こすのも、暴力を振るうのも、戦争を起こすのも全部男性で、女性の割合は低いと言われています。逆に言うと、フェミニズムという形で捉えた場合、女性も戦争をするのかどうかという非常に大きい問題を考える必要があります。そして、フェミニズムと言うとき、一体何をもって戦争に関わるか、平和主義を唱えるのがフェミニズムになるのかという問題があります。歴史的な話として、プラトンが描く「国家」は、完全に男女平等なので、基本的には女性も男性同様に戦争をすることになります。そういった完全な平等主義の立場で、プラトンは戦争を想定しているわけですが、それをフェミニズムとしても想定するのかどうかというのが大きな問題となります。

フェミニズムというものは、基本的に平等主義を最終的な前提とします。その意味では、プラトンが言うように、戦地に兵士として赴く女性が当たり前になり、戦争に行くのは男性で、女性は銃後の守りといった発想から変わっていきます。現代では、実際に軍隊の中に女性が入っていくということで、プラトン的な平等主義の流れも出てきていますが、はたしてこれはフェミニズムとしてどうなのかというのが非常に大きな問題なのです。

フェミニズムだからといって必ずしも平和主義ということはなく、政治家の中にも戦争を非常に強調する女性ももちろんいますし、実際に女性が戦場に赴くと、戦争に加担しないということはありえません。つまり、女性だから平和主義、男性だから戦争主義という対立項にはならないわけです。

そうすると、今後、戦争に女性がどう関わっていくのかを考えた場合、プラトン的な、男女一切の区別を設けないようなことが許されるのかどうかという問題が出てきます。トイレや更衣室はもちろん一緒で、女性だからといって特別扱いはしない。これをフェミニズムとしてどう考えるのか。女性も兵士になるというプラトンの発想した構造が、ある意味で実現しつつある中、これは非常に難しい問題となってきます。

結局のところ、フェミニズムは、女性が兵士になることを肯定、あるいは求めるのかという問題で、それがはたしてフェミニズムとして実現されるのかどうか、そのときにフェミニズムは戦争に何をもたらすことを望んでいるのか。プラトンの場合は、完全平等主義ですから完全平等主義のフェミニズムになりますが、それに対して、現実的なフェミニズムがどのように戦争に関わっていくのかは、今後の課題になるのではないかと思います。

※1 タレス
タレス（前624頃〜前546頃）。古代ギリシャの哲学者。イオニアに発したミレトス学派の始祖であり、哲学の祖とされる人物。「万物の根源は水」と考えた。「半円に内接する角は直角である」というタレスの定理でも有名。

※2 ペルシア戦争
紀元前492年から紀元前449年の、3度にわたるアケメネス朝ペルシア帝国の遠征軍とギリシャの諸都市の連合軍の間に行われた戦争。

※3 ヘラクレイトス
ヘラクレイトス（前540頃〜前480頃）。古代ギリシャの哲学者。「万物は流転する」と主張した。変化と闘争が万物の根源であり、対立が万物を生み出すと考え「戦いは万物の父であり、万物の王である」と唱えた。

※4 ソクラテス
ソクラテス（前470頃〜前399）。古代ギリシャの哲学者。西洋哲学の基礎を築いた人物のひとりとされる。対話を通して「無知の知」など自らの哲学や思想を説いたが、「異教を信じ、若者を堕落させた」という罪状によって死刑判決を受けた。

※5 プラトン
プラトン（前427～前347）。古代ギリシャの哲学者。ソクラテスの弟子で、アリストテレスの師匠にあたる人物。師であるソクラテスの語り部として、多くの著書を遺した。イデアこそが真の実在であるという「イデア論」を提示した。

※6 アリストテレス
アリストテレス（前384～前322）。古代ギリシャの哲学者。17歳からプラトンのアカデメイアに入門し、プラトンが死去するまで20年近く学んだ。当時の哲学を倫理学や自然学などに分類し、体系化を行った。アレクサンダー大王の家庭教師としても知られる。

※7 カール・ポパー
サー・カール・ライムント・ポパー（1902～1994）。イギリスの哲学者。批判的合理主義の認識論を提唱し、自由主義的な見地から、共産主義・マルクス主義を強く批判した。

第3章

神のための戦争

中世という長い時代

かつて、中世という時代はあまり評判が良くありませんでした。哲学においても、古代ギリシャのソクラテス、プラトン、アリストテレスを学んだ後、いきなりデカルトまで飛ぶようなことも珍しいことではなく、私の学生時代も、中世を研究する人は、かなりマニアックなイメージがありました。

このように、中世の哲学はあまり光を当てられることがなかったのですが、よく考えてみると、中世と言われる時代はだいたい4世紀から14世紀くらいまでなので、およそ1000年の期間があるのです。古代ギリシャと呼ばれる時代はせいぜい2000～3000年ですし、近代にしても16世紀頃から始まるとすると400年くらい。それに比べると、哲学史において中世は非常に長いのです。それにも関わらず、あまり光が当てられることはありませんでした。

キリスト教が支配した1000年

その理由のひとつは、キリスト教というものが中世を考える上での前提となっていることです。中世においては、〝哲学は神学の侍女〟なんて言われたように、哲学よりも神学、すなわち宗教のほうが上位に位置づけられていました。つまり、宗教が目的となり、それに合うような形で哲学的な議論も展開されるという、哲学の自立性が否定されたような時代だったのです。

その意味では、キリスト教を抜きにして考えると、哲学に何の面白みもない時代と言えるかもしれません。さらに、中世の哲学は〝スコラ哲学〟と呼ばれるのですが、ここで言う〝スコラ〟は、ある種の悪口なのです。スコラ的な議論というと、どうでもいいような話をえらく複雑に議論するみたいなイメージで、煙に巻くようなスコラ的な議論はあまり役に立たないとされていました。

このようなイメージも相まって、中世の哲学は、どちらかというとキリスト教に支配された、暗黒の世界という印象を持たれるのです。

古代ギリシャの時代に続いて、中世の話をするとなると、ローマ時代はどうだったのかと疑問に思われるかもしれません。ローマの哲学は、ギリシャの哲学、いわゆるヘレニズム哲学の中のストア派とエピクロス派が、依然としてずっと続いているイメージであり、それゆえローマの哲学は、あくまでもギリシャ哲学の流れとして語られることが少なくありません。

中世哲学の始まり、アウグスティヌス

中世は、基本的にアウグスティヌス(1)から始まっていると言われているのですが、そのアウグスティヌスはローマ時代の、まだ西ローマ帝国が存在していた時代の人なので、その辺りも含めると、ローマ独自の哲学を定義するのは難しく、これまでもあまり強く主張されることはなかったのです。

さらに、紀元前後の時期、イエス・キリストが活動を始めたのがやはり大きな理由で、ローマ時代の理論は、非常に壮大な理論体系を持っていたのですが、それはギリシャ哲学を前提にしていたからです。

一方、キリスト教は、かなり直接的で、非常に具体的で、そして神話的な話が多いのが特徴です。ギリシャ時代から受け継がれた理論が、どうしてキリスト教のような素朴で単純な話に移り変わったのかは非常に不思議だと言われていますが、やはりギリシャ哲学とキリスト教の関係性は注目すべきポイントで、ギリシャ哲学を導入することで、素朴なキリスト教を理論化しようとしたのが中世哲学の始まりであり、それを最初に実現したのがアウグスティヌスなのです。

キリスト教は、よく知られているように〝右の頬を打たれたら、左の頬も差し出せ〟というのが基本なので、原則的には戦争を否定するわけです。

本来、イエス・キリストの宗教は平和主義なのですが、それをいかに戦争と結びつけるようになったかが注目すべきポイントです。アウグスティヌス以前のキリスト教者は基本的に平和主義だったのですが、アウグスティヌスの理論が導入されることにより、今度は特に戦争を否定しないという立場に変わっていきました。

つまり、アウグスティヌスは、ギリシャの哲学、主にプラトンですが、それをキリスト教に導入するという形で、キリスト教の思想性を作り上げ、さらに、キリスト教において、戦争を平和主義ということで否定しない、あるいは、戦争というものを肯定できる理論に組み替えてしまったのです。

蛮族から「神の国」を守るアウグスティヌス

もともとアウグスティヌスの時代は、ちょうどキリスト教がローマで公認され、国教化される途上でした。つまり、兵士がキリスト教者になる、あるいはキリスト教者が兵士になる時代に突入したわけです。

それまではローマとキリスト教が対立する状態にあったのに対し、今度はローマの中に公然とキリスト教信者がいる状態になったので、もし戦争をする必要があれば、彼らが戦うための理論的な根拠を与える必要性が出てきたのです。

アウグスティヌスの時代は、ちょうどゲルマン民族の大移動(2)が起こり、彼らが言うところの蛮族が、ローマに侵入してくるという時代でした。実際、アウグスティヌス自身も、北アフリカにて、ゲルマン系の民族に滅ぼされていたりするのです。

つまり、アウグスティヌスは、ゲルマン系の民族がローマを襲撃するのに対して、ひとつの自衛策として、戦争を肯定しなければならない必要があったのです。そして兵士たちも、キリスト教が国教化され、キリスト教者となる流れの中、ローマを守るため、ローマ帝国を防衛するために、戦うことが正当化される必要があったわけです。

そして、アウグスティヌスによって導き出されたのが、今も言われる〝正しい戦争〟、つまり「正戦論」で、戦争にも正しい戦争と間違った戦争があるという形で、戦争することを可能としたのです。

これは、あらゆる戦争を認めるわけではなく〝正しい戦争〟であれば可能であるという理論で、正しい戦争には〝戦争をするための正しい条件〟と〝戦争行為における正しい条件〟という2つの条件があります。〝戦争をするための正しい条件〟というのは、例えば防衛戦争であり、〝戦争行為における正しい条件〟は、非戦闘員を攻撃しないといったもので、それをアウグスティヌスが理論化していったのです。とはいえ完全に理論化したわけではないのですが、いずれにしても、彼が「正戦論」を出したことによって、キリスト教者にとっても戦争が正当化されるようになったのです。

ギリシャからの哲学をそのまま受け入れて、いかにキリスト教の中に根付かせるか。キリスト教において、いかに戦争することを正当化するか。これがアウグスティヌスの発想で、彼の最後の著作と言われる『神の国』では、神の国を地上に成立させるために、いかなるものが神の国かを説明しています。『神の国』を書いているときも、絶えずいろいろな蛮族がローマを襲い、滅ぼそうとしていました。彼にとって神の国はキリスト教の国ですから、キリスト教の国が戦争をすることを正当化するために、キリスト教世界において、戦争を肯定する理論を作り上げる必要があったのです。

ここで興味深いのは、アウグスティヌスは蛮族からキリスト教を守るために戦争を肯定したのに、ローマが滅亡した後、蛮族だった彼らがキリスト教そのものを受け入れたことです。これは歴史的な皮肉と言えるかもしれません。

中世哲学の終わり、トマス・アクィナス

中世の哲学は、アウグスティヌスから始まると言われます。彼はローマの時代

の人で、もともとはキリスト教者ではありませんでしたが、キリスト教に改宗した後、キリスト教そのものを理論化しました。

歴史的に中世という場合は、おそらくゲルマン民族が移動して、ローマ帝国が東西に分裂してからという話になるので、時期的にはだいたい同じと言っても良いでしょう。

一方、中世哲学の終わりは、トマス・アクィナス(3)だと言われます。彼は中世哲学の最盛期の人でもあるのですが、彼以降の哲学者は、いわば近代への橋渡し的な存在でしかありませんでした。

教父哲学と言われるアウグスティヌスから始まり、トマス・アクィナスで最終段階を迎えた中世哲学ですが、両者の違いは、やはり理想主義と現実主義で、アウグスティヌスはプラトン派である一方、トマス・アクィナスはアリストテレス派なのです。

しかし、これには少し事情があって、アリストテレスは12世紀頃にイスラム圏から導入されるまで、ローマではほとんど知られていませんでした。つまり、古代ギリシャにおけるプラトンとアリストテレスの対立は、ローマの時代にはほとんど伝わっていなかったわけです。

ローマ時代のアウグスティヌス以前の哲学者たち、例えばキケロやセネカはギリシャ語もラテン語もわかっていたようですが、アウグスティヌスはラテン語しか使えませんでした。そうすると、ラテン語に翻訳されたものしか読むことができなかったのですが、当時のローマでは、アリストテレスの著作は『論理学』の一部くらいしかなかったと言われています。

実はプラトンも『ティマイオス』くらいしかなかったので、プラトン派といっても、我々がよく知っている書物を読み込んでいたわけではなく、本当にごく限られた文献にしか当たることができなかったという事情もあったのです。

そういった状況の中、12世紀頃にイスラム圏からアリストテレスの著作が持ち込まれるようになったわけです。アリストテレスだけでなく、ユークリッドなど数学の著作もたくさん入ってくるようになったことで、一気に流行したという経緯があります。我々が海外から入ってきた現代思想に飛びつくのと同じように、みんながこぞってアリストテレスを読み、すでにイスラム圏にはたくさんのアリストテレス研究者がいたので、その議論に乗る形で、研究を進めていったわけです。

アウグスティヌスがプラトン派で、トマス・アクィナスがアリストテレス派だったのは、そういった事情もあったわけですが、それ以外の時代背景も無視できないところがあります。

すなわち、プラトンは理想主義だから、現実が非常にごちゃごちゃとした激動の時代に受け入れられやすく、一方のアリストテレスは現実的な形で壮大な体系を作ってしまうので、ある程度社会が安定しているときに流行りやすいと言われることがあります。

その意味で言えば、アウグスティヌスは、古代ローマから中世の時代へと転換する激動の時代を生きた人だから自ずとプラトンに向かい、それに対して、気候が温暖で、経済も発展し、文化的にも落ち着いた時代のトマス・アクィナスがアリストテレスに向かうのは、ある意味では必然だったのかもしれません。

アウグスティヌスの「正戦論」とトマス・アクィナスの「二重結果論」

もともと平和主義だったキリスト教が、ローマで国教化されることにより、アウグスティヌスは「正戦論」を唱えました。「正戦論」、つまり〝正しい戦争〟というのはプラトン主義なのです。何が正しいかが大前提になり、これに合致する場合は戦争も辞さないというプラトン主義的な発想で、アウグスティヌスは「正戦論」を形作りました。

それに対して、アリストテレスがある意味で逆輸入された12世紀には、ヨーロッパの地方にもたくさんの大学が設置され始め、その中でスコラ哲学が花開き始めました。その中の最大の哲学者がトマス・アクィナスで、彼は『神学大全』という、何十冊もある、翻訳されても一生で読めないくらいの大作を残しているのですが、そんなトマス・アクィナスの立場は、一般的にアリストテレスの立場だと言われます。

すなわち、トマス・アクィナスは、アウグスティヌスと違って、きちんと場合分けを行うのです。例えば殺人があった場合、どのような状況であれば殺人も許されるかということを非常に細かく定義していきます。戦争の場合も、正当防衛であれば問題ないといった単純な発想ではなく、具体的な状況や事例から、どこまでだったら戦うことも許されるかということをきっちり定義したのです。

トマス・アクィナスは、アウグスティヌスの「正戦論」を伝統として受け継いでいるのですが、彼はきちんと場合分けをして、どういう場合であれば問題ないかを非常に細かく議論し、それに対する反論もたくさん作り出していきます。実はこれがスコラ哲学のやり方で、だからこそ、しばしばスコラ哲学は煩雑な議論と言われたりするわけです。

そして、トマス・アクィナスが打ち出した戦争を肯定する理論が〝ダブルエフェクト論〟、あるいは〝二重結果論〟と呼ばれるもので、今でもよく使われるのですが、一番わかりやすいのが正当防衛です。

人を殺すのはまずいが、何もしなければ自分が殺されてしまうかもしれない場合、正当な形で自分を防衛することは許されるという考え方で、殺人という行為も、意図的に殺すのか、結果として死に至らしめるのかは分けて考える必要があり、これは戦争に関しても同じように適用されるという発想です。

トマス・アクィナスの思想の背景には十字軍遠征があった

こうして、トマス・アクィナスは、アウグスティヌスの「正戦論」を受け継ぐと同時に、さらに細かな規定を作ることで、彼ならではの戦争を肯定する理論を作り上げていくのですが、アウグスティヌスがゲルマン民族による侵略を想定していたのに対し、トマス・アクィナスの場合は、ちょうど十字軍(4)が背景にあったのだと思われます。

十字軍という形で、異教徒との戦争が控えている中、そうした戦争はどこまで許されるのか、あるいはどういう場合であれば許されるのか。彼はアリストテレス主義的に、細かな場合分けをしながら、彼なりの「正戦論」を形作っていったのです。

「正戦論」の考え方自体は、中世以前からあったと言われますが、理論的な形で

「正戦論」と名付けたのはアウグスティヌスが最初です。それに対して、トマス・アクィナスは、細かく、そして具体的な形で場合分けをしながら、〝二重結果論〟という概念を持ち出して、「正戦論」をさらに先に進めたのです。

さて、トマス・アクィナスがアリストテレス派というのは先にも述べた通りですが、アリストテレスが入ってきたのは、十字軍を通して、イスラム圏との交流があったおかげとも言えます。

十字軍は、基本的には異教徒との戦いなのですが、一方で文化交流という側面もあったわけです。つまり、中世は、哲学が戦争を可能にし、戦争のおかげで哲学が発展した時代だったと言えるかもしれません。

最後に少し、中世哲学について補足をしておきます。中世は哲学にとって暗黒の時代のように言いましたが、近代哲学は中世哲学の枠の中で動いているという人もいるくらい、意外と中世で議論されたものが、近代になってあらためて問題にされていることも少なくないのです。

その意味では、中世哲学というのは、これからさらに研究されていく、そして研究されなくてはならない哲学の重要な分野なのかもしれません。今まで基本文献があまり知られていなかった部分も多く、実際、我々が知っているのはアウグスティヌスとトマス・アクィナスくらいで、それ以外の哲学者はほとんど知られていないのが現状です。資料的なものもまだ知られていないものが多く、最近になってようやく整理されるようになってきました。その意味でも、中世哲学に対する見直しが、実は始まりつつあるのです。

※1 アウグスティヌス
聖アウレリウス・アウグスティヌス（354～430）。ローマ帝国時代の神学者であり哲学者。ローマにおいてキリスト教が国教化された時代に活躍。ゴート族の侵攻によるローマ崩壊にあたり、キリスト教への批判に対し、『神の国』を著した。

※2 ゲルマン民族大移動
4世紀末に西進してきたアジア系騎馬遊牧民族に圧迫されたのを契機に始まったと言われるゲルマン系民族のヨーロッパへの移動。この大移動によって、ヨーロッパの民族分布が大きく変わり、古代から中世へと時代が移り変わったと言われる。

※3 トマス・アクィナス
トマス・アクィナス（1225～1274）。イタリアの神学者であり哲学者。キリスト教神学を体系化した『神学大全』を著し、スコラ学の代表的神学者と言われる。キリスト教思想とアリストテレス哲学の調和を試み、総合的な体系を構築した。

※4 十字軍遠征
イスラム教諸国から聖地エルサレムを奪還することを目的とした、キリスト教諸国による遠征。東ローマ帝国皇帝のアレクシオス1世コムネノスが、ローマ教皇のウルバヌス2世に救援を依頼したことが発端となっている。

第4章

王と市民のための戦争

イギリス経験論と大陸合理論という図式

近代哲学は、通常〝イギリス経験論〟と〝大陸合理論〟に分けられます。この分け方が正しいかどうかについての議論は別の話として、この図式そのものはライプニッツ(1)によって作られたものです。

ライプニッツは、ジョン・ロック(2)の『人間悟性論』から文章ごと引用して、それに逐一コメントをつける形で反論する本を書いたのですが、その『人間悟性新論』の中で、自分とロックの違いは、自分はプラトンの流れで、ロックはアリストテレスの流れであると書いており、自分とロックの対立は、プラトンとアリストテレスの対立に比較できるとしています。

その意味でも、近代哲学にはイギリス経験論と大陸合理論という分け方があると考えることができるのです。

唯名論から経験論へ

イギリス経験論は、存在するのは個々のものであるという考え方です。つまり、プラトンやアリストテレスといった人々がそれぞれ一人ずつ存在しているのであって、人間なるものは存在しない。それは普遍概念であって、普遍概念というものはあくまでも言葉によってのみ作り出されるものであり、〝人間〟というものの自体はどこにも存在しないという考え方です。

これは中世では〝唯名論〟と呼ばれた考え方で、トマス・アクィナス批判の中に出てくるものです。トマス・アクィナスはアリストテレス派で、普遍的なもの、つまり〝形相〟は存在するという立場だったのですが、それに対して、普遍的なものは存在せず、言葉としてのみあるという立場を取ったのがオッカム(3)でした。

オッカムは、〝議論において不要な前提は作らない〟という〝オッカムの剃刀〟で有名な、唯名論の代表的な哲学者です。彼はイギリスの出身ということもあり、そこから唯名論の伝統が、イギリス経験論に引き継がれたと言えるかもしれません。

イギリスはオッカムに限らず、ロジャー・ベーコン(4)やフランシス・ベーコン(5)も、年代的には200年くらい違うのですが、いずれも経験論者であるように、経験論の土壌があったようです。

そういったイギリスの考え方、すなわち経験論の代表となるのが、ホッブズ(6)とロックで、バークリー(7)やヒューム(8)もいますが、この章ではホッブズとロックを中心に取り上げることにします。

市民戦争の始まりと「リヴァイアサン」

ホッブズは17世紀中盤のピューリタン（清教徒）革命(9)、ロックは17世紀後半の名誉革命(10)に関わる人物ですが、いずれも経験論者であるとともに、〝社会契約論〟(11)を唱える人たちでもあったのです。社会契約論はルソー(12)も唱えていますが、イギリスにおいて主張したのがホッブズとロックです。

ホッブズの書いた有名な『リヴァイアサン』は社会契約論の本で、法律のない自然状態、つまり人々が自然な形で存在する状態では、「人間は人間に対して狼」という形で存在すると述べています。つまり、それぞれの個人は欲求を持っていて、他人に対して暴力的な攻撃を加えることが自然状態であるというのがホッブズの現実認識であり、これがホッブズを経験論者と言わしめるひとつの大きな理由にもなっているのです。

彼は、人間社会に対してあまり理想的な状態を想定せず、人間の現実的なあり方として、欲望に満ちた人間を出発点に用い、そして欲望に満ちた人間同士がいると、どういう状態になるかを考えたのです。

市民戦争の始まりと「リヴァイアサン」そして、狼の狼に対する戦い、戦争のような状態が自然状態であり、それでは落ち着いて生きていけないから、社会契約によって国家を形成しようというのがホッブズの基本的な発想なのです。

そして、国家を形成した場合、その国家に、人々は互いの暴力性や強い欲望を預け入れなければならず、国家が非常に大きな力を持つことで、各個人を契約によって無力化するという発想。そうやって作り出された国家を、彼は「リヴァイアサン」と呼んだのですが、リヴァイアサンと言えば怪物です。つまり、彼は国家を怪物になぞらえたわけです。

ロックと名誉革命

人々が個人的かつ利己的な欲求を国家にすべて預け入れることによってのみ、社会契約は成立するというのがホッブズの基本的な考え方です。だから、国家というものは、絶大な力を持たないといけないというのがホッブズの国家論なのですが、それに対して、ロックは、お互い同士が疑心暗鬼で対立し合うような状態を自然状態とは考えませんでした。

彼の場合、各個人は、自分自身の身体と自分自身の労働によって物を作り出し、それによって所有を形成するのだから、その所有を相互に認め合うためには国家が必要になるという発想を持っており、個人の所有や私有財産を認めるために国家と契約するというのが、ロックの考え方になっています。

ホッブズもロックも、個人個人の自然状態から出発するわけですが、自然状態の理解の仕方がまったく異なります。ホッブズの場合は、ピューリタン革命という激動の時代に生きた人たちがどうやって国家を形成していくのかを考えたのですが、ロックの場合は、私有財産が成立していることを前提とした上で、それを約束にすることによって、ある程度自由な国家を作ろうと考えました。

その意味では、ピューリタン革命と名誉革命という歴史的な変化の影響によって、2人の哲学者の中で、自然状態に対する理解の仕方も大きく変わっているのです。

これが、イギリス経験論の発想であり、その代表とも言える2人の考え方の違いです。2人とも、経験論者なので、国家はどうあるべきかというところからは出発しません。現実の個人個人がどのようになっているかというところから出発するわけです。

つまり、その時の各個人がどういう状態であるかによって、前提自体が変わってしまうのです。そして、戦争の概念も、彼らにとっては国家をどのように形成するかという中で想定されます。

異民族や異教徒との戦いだった中世に対して、近代は〝王と市民のための戦争〟と位置づけることができます。ピューリタン革命にしても、王に対して市民がどういう形で自分たちの権利を認めさせるかの戦いです。王の軍隊と市民の軍隊というような形で、特にイギリスにおいては、国内の戦いが想定されていました。

しかし、大陸の場合は、国対国というほどの規模ではないのですが、様々な国同士が接しているため、いわば諸侯同士の戦いが数多く行われました。そして、同じキリスト教でも、旧教と新教、新教にもたくさん流派があるので、宗教内部の異端と正統のような争い、さらに王同士の継承権の問題など様々な対立構造がありました。

特にここで問題となるのは〝国〟ではなく〝王〟なのです。そして、王に雇われた軍隊、この時代の軍隊は、王の常備軍になります。だから、イギリスの場合は王と市民の戦いでしたが、大陸の場合は、王同士の対立に市民がどのように関わっていくのかが問題になったのです。

哲学そのものが戦争だったデカルト

イギリス経験論のホッブズとロックに対して、大陸合理論の代表はデカルト(13)とライプニッツですが、この4人の中で、デカルトだけは自ら兵士に志願しており、彼はフランス人なのですが、ドイツの兵士に志願しています。非常に不思議なことですが、その後オランダに住んだり、スウェーデンの王族と関係があったりもします。

彼の時代は、ちょうど三十年戦争(14)と呼ばれる戦争の時期で、ヨーロッパでは新教と旧教の戦いがありました。わかりやすく言えば、旧教の国対新教の国、すなわち国同士の戦争ではあるのですが、まだ国家としてちゃんとまとまっていたわけではなく、あくまでも王を中心とした王家同士の対立だったのです。

デカルトは、自ら戦争に志願した哲学者として有名で、『方法序説』という本の中でも、大学を修了した後、ドイツに行って兵士に志願したことを語っています。しかし、なぜ志願したのかについては、〝興味があった〟程度で、あまり詳しくは語られていません。

自ら戦った哲学者というと、古代であればソクラテス、近代であればデカルト、20世紀に入るとヴィトゲンシュタイン(15)が有名ですが、ハイデガー(16)やサルトル(17)など、実は多くの哲学者が従軍経験を持っています。

デカルトは戦争についてほとんど語ってはいませんが、彼の哲学そのものが実は戦争ではないかとよく言われています。彼はドイツの軍隊に入り、その後、暖炉のある部屋に籠もって、一人孤独に哲学に向き合い、そこで有名な「我思う、故に我あり」という言葉を生み出したのですが、それについてジルソン(18)は、「デカルトは兵士として炉部屋に入り、哲学者として炉部屋から出ていった」と表現します。

デカルトの哲学は、今までの知識そのものを全体的に、そして根本的に作り直すというもので、彼はそれを建物に例えて、「建物を破壊する」という表現を使います。これはまさに戦争モデルで、彼は、戦争によって、ある地域を根本的に破壊して、新しく組み立て直すのと同じことを、まさに哲学でやろうとしたのです。つまり、今までの古い知識体系を破壊するというのが、彼にとってはひとつの戦争モデルとして哲学だったのです。

今までとはまったく違う、基本的かつ原理的な形で哲学を形成し、組み立てるためにはどうすればよいか。これがデカルトの基本的な発想です。デカルトには、原理主義や合理主義的な側面もあるのですが、これは彼がもともと数学者だったからかもしれません。『方法序説』にしても、『省察』にしても、科学理論そのものを打ち立てるための原理となる基本的な考え方を、彼は哲学として表明しています。

今までの理論体系を根本的に覆して、一番確実なところから、どうやって理論を組み立てていくのかを考える。今までのモデルをすべて破壊して、新たに一から組み立て直すという意味では、戦争モデルの哲学を彼が想定していたのではないかと思います。

ライプニッツが生み出した様々な構想

一方、ライプニッツの場合は、デカルトのように自分自身が兵士になることもなく、大学の教員にもなっていません。ちなみに、ライプニッツだけでなく、ホッブズもロックも、そしてデカルトも、大学の教員として哲学には関わってはいません。デカルトは兵士として、様々な国を訪れたり、王族と関わりを持ったりしていましたが、ライプニッツの場合は、今で言うところの外交官のような役割で諸侯に仕えていました。

ここがライプニッツとデカルトの違いで、ライプニッツは実際の政治に関わっていたわけです。この当時のドイツは、およそ300の諸侯に分かれており、さらに、当時はルイ14世が元気で、いろいろなところにちょっかいを掛けていました。そのルイ14世の行動を抑えつつ、諸侯間の関係性も上手くいくようにする。そんな外交的なことをライプニッツはやっていたのです。

ライプニッツは、微積分法を確立した数学者としても有名ですが、彼の一番大きな特徴は「普遍学」を構想したことです。デカルトやライプニッツが大陸合理論と言われる大きな理由は、経験主義ではなく、むしろ普遍的な概念に基づいて、すべてを理解しようとするという発想です。

これは2人が数学者であったことも関係していると思われますが、デカルトがデカルト座標のような形で数学的に理解したのに対し、ライプニッツは〝思考のアルファベット〟のような形で基本概念を洗い出し、ABCにあたる基本概念を組み合わせて思考そのものを作り上げていくといった、普遍記号や普遍思考のような形で論理学を形成したのです。

また、ライプニッツには「モナド論」という発想もありました。このモナド論は、これ以上分割できない最小限のものをモナドと呼び、そのモナドによって世界全体は作られるという考え方です。さらに彼は晩年、「弁神論」という理論をつくり出し、神と正義を結びつけたのです。これは〝神は正義を行う〟という発想で、あまりこれを戦争の話と結びつける人はいないのですが、ライプニッツの弁神論のイメージは、神が存在するのに、どうしてこの世の中には、たくさんの悪があるのかというところから始まっています。これを正当化することが、弁神論の基本的なポイントになります。

さらに、ライプニッツには「可能世界論」という考え方もあります。これは、世界は様々な組み合わせが可能なはずなのに、現実世界はひとつしかない。それではなぜこれが生み出されたのかという問い掛けであり、それに対するライプニッツの回答は「それが最適なものだったから」というものです。

つまり、ライプニッツには、現実世界というのは、神にとって最適、あるいは最善なものとして存在するという発想があったのです。しかし実際には、殺人もあれば、貧困もあります。これのどこが最善な世界なのかと思うのが普通ですが、それにも関わらず「最善である」というのが、弁神論の基本的な考え方となります。

神が最善だと選ぶことで今の状態があると考えるのが弁神論

ライプニッツは戦争について語っているわけではありませんが、これは、〝なぜこの世の中に戦争があるのか〟という問い掛けと重ねることができます。その意味で、弁神論は、ライプニッツにとっては戦争の弁護であり、正戦論のひとつとして考えられたのだと理解してもよいと思います。

つまり、世の中に戦争が起こることを正当化できる論理であり、戦争が起こるこの世の中は、神にとって望ましい、あるいは最善のものであると言えるからです。もちろん、ライプニッツはそんなことは一言も語っていませんが、彼自身、外交官として様々な国、諸侯と関わりながら、最善の世界を組み立てていこうという発想を持っており、それを理論化した最終的なものが弁神論になるわけです。世の中にはたくさんの悪がある、しかしそれは、神が選んだ最善の解であるというのが弁神論の発想です。

これは当然、戦争についても同じことが言えると考えたのではないかと思います。先にも述べましたが、弁神論と戦争を結びつける議論は見たことがありません。しかし、戦争の問題と関わらせて理解するのが、弁神論を理解する上で一番わかりやすい方法ではないかと思います。

モナド論もそうですが、多様なものがあって、それぞれが違うにも関わらず、全体として調和を保っているというのがライプニッツの考え方です。そして、それを保証するのが弁神論なのです。〝それがまさに最善である〟という回答で、すべてを解決してしまいます。

神がいないのであれば話はまったく変わってきますが、神の存在を想定せざるをえない時代背景も重要で、世界には様々な形があり、神が望めば、戦争がない状態も作れたはずだし、もっと戦争の多い世界も作れたはずです。しかし、現実として今の戦争があり、それを彼は目の当たりにしてきました。つまり、神が最善だと思っているから今の状態があるというのが弁神論の考え方なのです。

非常に評判の悪い理論ではありますが、世の中にある様々な悪や不幸に対して、みんなが声を上げたいわけです。「なぜ神はこのようなことをお許しになるのか」「神がいればこんなことは起こるわけがない」「神なんていないのではないか」。そんな不満に対して、弁神論は、「それを神が最善だと思って選んだ」と答えるわけです。〝どうして〟という問いに対して、ちゃんと根拠付けられているかどうかは別の問題ですが。いずれにせよ、神の存在を想定する以上、何らかの説明が必要になるわけです。それを人間がやったことだと言って、人間だけのせいにするわけにはいかなかったのです。なぜなら、神の存在理由がなくなってしまうからです。

ライプニッツは、実務的な政治の問題に関わり、モナド論や弁神論のような理論は展開しましたが、直接的に戦争と関わる話はしていません。しかし、弁神論は、彼が作り出した言葉であり、神の存在によって現実世界の悪を肯定するのが弁神論の基本であると考えると、現実世界の最たる悪といえばやはり戦争ですから、それを想定していないとは考えにくいわけです。

その意味では、彼自身が戦争を肯定したのではなく、肯定するための理論が必要だったと考えるべきかもしれません。

※1　ライプニッツ
ゴットフリート・ヴィルヘルム・ライプニッツ（１６４６～１７１６）。ドイツの哲学者。大陸合理論を代表するひとりで、「モナドロジー」「予定調和説」を提唱した。数学者としての顔も持ち、微分積分学を学問として成立させたことでも有名。

※2　ジョン・ロック
ジョン・ロック（１６３２～１７０４）。イギリスの哲学者で、イギリス経験論の父と呼ばれる。代表作である『市民政府二論』は、イギリスの名誉革命を理論的に正当化し、後のアメリカ独立宣言やフランス人権宣言にも大きな影響を与えた。

※3　オッカム
ウィリアム・オブ・オッカム（１２８５～１３４７）。イギリスの神学者であり哲学者。オッカムは名前ではなく出身地を示している。唯名論を唱え、「必要以上に多くを仮定するべきではない」という「オッカムの剃刀」でも知られる。

※4　ロジャー・ベーコン
ロジャー・ベーコン（１２１４～１２９４）。イギリスの哲学者。カトリック司祭としても活動。フランシスコ会で禁止されていた著述活動を行い、『大著作』などを著したが、教皇の保護を失い、投獄された。経験の重要性を説き、経験論の先駆者とされる。

※5 フランシス・ベーコン
フランシス・ベーコン（1561〜1626）。イギリスの哲学者。イギリス経験主義の祖で、「知識は力なり」の言葉で知られる。政治家としても活動し、イギリス国王ジェームズ1世の側近として、大法官にも任じられた。

※6 ホッブズ
トマス・ホッブズ（1588〜1679）。イギリスの哲学者。唯物論の先駆者のひとりで、「万人の万人に対する闘争」である自然状態に対して、社会契約によって国家を成立させる『リヴァイアサン』を著し、絶対王政を理論化した。

※7 バークリー
ジョージ・バークリー（1685〜1753）。イギリスの哲学者。ジョン・ロックの経験論を継承し、「存在することは知覚されることである」の言葉で知られる。代表作は『視覚新論』『人知原理論』。

※8 ヒューム
デイヴィッド・ヒューム（1711〜1776）。イギリスの哲学者。経験論を代表するひとりで、懐疑論を打ち立てた。歴史家として『イングランド史』を著した。代表著作は『人間本性論』。

※9　ピューリタン革命
１６４２年にイギリスで起こった市民革命で、中心勢力がピューリタン（清教徒）であったことに由来し、「清教徒革命」とも呼ばれる。チャールズ1世による絶対王政を打倒し、クロムウェルによる共和政が樹立したが、１６６０年の王政復古によって失敗に終わった。

※10　名誉革命
１６８８年に起こった、清教徒革命後に王政復古によって復権したステュアート朝イングランドに対する無血クーデター。イギリス国教会が国教化し、「権利の章典」によって国王の権限を制限。議会政治を中心とする立憲君主制へ移行するきっかけとなった。

※11　社会契約論
自然権や自然法を擁護することを目的に、社会や国家と契約を結ぶことを主張する思想で、ジャン・ジャック・ルソーによって執筆された同名著作やホッブズの『リヴァイアサン』、ジョン・ロックの『市民政府二論』などで唱えられている考え方。

※12　ルソー
ジャン・ジャック・ルソー（１７１２〜１７７８）。フランスの哲学者。『人間不平等起源論』や『社会契約論』、教育論を論じた『エミール』などの著作で知られる。ルソーの思想は、カントやフィヒテ、ヘーゲルらに大きな影響を与えた。

※13 デカルト
ルネ・デカルト（1596〜1650）。フランスの哲学者。合理主義哲学の祖であり、近世哲学の祖。自己と存在を定式化した「我思う、故に我あり」の言葉で有名。代表著作は『方法序説』。平面上の座標の概念を確立した「デカルト座標」でも知られる。

※14 三十年戦争
1618年から1648年にかけて、ドイツ（神聖ローマ帝国）を中心に繰り広げられた宗教戦争。プロテスタントとカトリック、ハプスブルク家とブルボン家の対立などを背景に勃発。戦争の結果、ドイツ諸侯の独立性が強化され、神聖ローマ帝国は名目的な存在となった。

※15 ヴィトゲンシュタイン
ルートヴィヒ・ヴィトゲンシュタイン（1889〜1951）。オーストリア出身の哲学者で、イギリス・ケンブリッジ大学で教授となる。代表著作となる『論理哲学論考』は、彼が生前に出版した唯一の哲学書で、死後に『哲学探究』が出版された。

※16 ハイデガー
マルティン・ハイデガー（1889〜1976）。ドイツの哲学者。人間のあり方を「実存」と捉え、そこから存在論を展開した。主著『存在と時間』は、20世紀の哲学思想に大きな影響を与えた。

※17 サルトル
ジャン・ポール・シャルル・エマール・サルトル（1905〜1980）。フランスの哲学者・作家。無神論的実存主義の提唱者で、マルクス主義を評価した。ノーベル文学賞の受賞を拒否したことでも知られる。

※18 ジルソン
エティエンヌ・アンリ・ジルソン（1884〜1978）。フランスの哲学者。デカルト研究で知られる。キリスト教哲学の存在を主張した。代表著作は『スコラ哲学＝デカルト哲学索引』。

第5章

国家・国民・民族のための戦争

3人のドイツ哲学者たち

ライプニッツ以降、ヨーロッパには国家や民族のまとまりができあがり、それが国家を形成するようになりました。しかし、ドイツやイタリアなど周辺地域は遅れており、18世紀は、先進的なヨーロッパ諸国と昔ながらの封建諸侯に分かれるという、分断されたヨーロッパという時代になったのです。

この章ではドイツを中心に取り上げるのですが、カント(1)は18世紀末、ナポレオンが登場する前の哲学者で、ドイツの諸侯同士の戦争から「永遠平和論」を唱えました。

一方、フィヒテ(2)は、ナポレオン戦争によってドイツの国々が疲弊し、ほとんど崩壊寸前という状況において「ドイツ国民に告ぐ」という講演を行ったのですが、当時はまだドイツという国はなく、地域ごとに諸侯が支配する状況であり、彼はその中で、ドイツとして団結することを唱えたのです。

「ドイツ国民に告ぐ」という文字だけを見ると、あたかも戦争に駆り立てるようなイメージを持つ人も少なくないと思いますが、決してこれは戦争論ではなく、ナポレオン戦争によって崩壊寸前になっている状況において、ドイツとして国民的な統一を形成するために、どのような国民教育が必要かを説く、いわば教育論なのです。

ドイツ国民よ、団結せよ！　ナポレオンに対抗するぞ！　みたいなイメージで理解されがちですが、それは誤りです。ドイツ国民を団結させることによって、フランスに対抗できるだけの国力をつけるという狙いが背景として含まれていることは間違いないのですが、決して戦争論ではなかったのです。

一般的に、カント、フィヒテ、ヘーゲル(3)はドイツ観念論と言われています。あえて〝一般的〟と言ったのは、カントをここに入れるかどうかが大きな問題で、私自身も通常は入れないのですが、観念論といえば、カント、フィヒテ、シェリング(4)、そしてヘーゲルみたいに書かれている文献は少なくありません。

もともとドイツ観念論は、カントとの対立概念として、カント派の人たちが使い始めた言葉なので、カントを含めないのが正しいと私は思っていますが、なぜか20世紀以降の研究者たちは、カントから始まったと言いがちなのです。

19世紀末に、科学の基礎づけとして、カントを再興しようという動きがありました。そのときに、フィヒテやシェリング、ヘーゲルといったドイツ観念論の理論は使えないという感じで、いわゆる新カント派が対立項として使い出した言葉なので、カントをドイツ観念論に加えるのは非常に不正確だと言わざるをえません。

しかし、いつの間にか20世紀の研究者たちがカントを入れ始め、今ではカントから始まったと言われることが〝一般的〟になっています。ドイツ観念論はたしかにカントの影響を受けていますが、それはあくまでもカントを批判する形で作り上げられたもので、それぞれ観念論という言葉を使っていますが、少しずつ意味が違っていたりもするのです。

カントが考える平和

ドイツ観念論の定義はさておき、カントとフィヒテはおそらく理想主義です。それに対して、ヘーゲルは現実主義者なのです。カントとフィヒテはまったく違うところに置いて考えます。それに対して、理想や理念をまったく違うところに置いて考えます。

ヘーゲルは、イデアリストとして観念論と言われるのですが、実際は現実主義なのです。カントとフィヒテが理想主義と言われるのは、彼らが道徳主義者だからです。しかし、ヘーゲルは道徳主義者ではありません。だから、ヘーゲルには倫理学がないと言われるくらいです。

さて、近代のライプニッツは理想主義者で、デカルトも理想主義者ですが、彼らは基本的に平和というものを理想に掲げることはありませんでした。しかし、非常に面白いのは、同じ理想主義者のカントが、ここで初めて、平和が理想であると唱えることです。

一方、フィヒテも同じく理想主義ですが、平和を主張することはありませんでした。道徳的な形での国民教育は目指しますが、フィヒテの場合は、そこから戦争に導くことも可能な考え方なのです。そして、ヘーゲルの場合は、現実主義者なので、具体的な現実というところで、戦争状態は大いにありえるものだと考えます。

平和という概念自体は、ストア派以来、脈々と続いているのですが、カントが平和をどのように定義づけたかがポイントとなります。カントの哲学は道徳主義と言われるもので、人間が生まれ持っているあり方を〝傾向性〟と名付けます。

持って生まれたものは、放っておくと、その方向に曲がっていくものとして〝傾向性〟という言葉を使うのですが、どちらかというと、欲望的で利己主義的な意味合いが強く、他人から言われなければ自分のやりたい放題にやるというのが人間の傾向だと考えています。

カントは現実をよく知っていて、人間は放っておけばろくなことをしないというのが彼のイメージなので、道徳という理性的なもので、その傾向性を抑えなくてはいけないというのが、彼の基本的な発想だったのです。

国家の自然な状態は戦争状態である

傾向性は個人的なもので、欲望だとか利益を求めるのですが、理性的な道徳は全体のルールを守ることを求めます。その意味で、道徳性は普遍性とも呼ばれるのですが、カントはこの発想を国家にも適用します。つまり、国家の自然な状態は、戦争状態であると考えたのです。

これはホッブズと同じ考え方で、傾向性として、国家間同士は放っておけば暴力的で、相手の国を侵略したり、自分たちの利益を求めて騙し合ったりするので、それを理性的な道徳性のもとコントロールしなければならないというのがカントの発想です。

だから、カントは、個人的な道徳のレベルと、国際的な道徳のレベルをパラレルに描いており、普遍的な道徳性、理性的な道徳性にこそ価値があり、道徳によるコントロールを失っていると、人間も国家もろくなことをしないと考えたのです。

ただ、カントには現実主義の一面もあり、必ずしも理性的になれるわけではないという発想も併せ持っていました。だからこそ理想なのです。

実現できるかどうかはわからないけれど、必ずそこを目指さなければならない。しかし、国家間の平和のために世界共和国のようなものを作ることは、現実的には不可能であることもわかっている。求めるべき方向性ではあるけれど、それは実現できないというリアルな感覚を彼は持っていたのです。

だからカントは、平和のための世界共和国という発想は否定します。当然目指すべき方向性ではあっても、現実として実現不可能だからです。むしろ、どこかの国がそれぞれの傾向性に基づいて戦争を引き起こした場合は、周辺国や関係諸国の理性的な議論によって阻止しようと考え、それが第一次世界大戦後の国際連盟のモデルになったと言われています。

誤解されやすい〝永遠平和〟

カントにとっての道徳は、求めるべきものではあっても、必ずしも実現できるものではありませんでした。国際間における〝永遠平和〟も、ひとつの理想モデルではありますが、実現できるとは思っていません。だから、具体的に、常備軍を廃止するなどの提言は行うのですが、軍隊そのものを一切否定しているわけでもないのです。

彼が望んだのは共和制で、共和制であれば、自分自身も戦争に参加しなければならないような決断は下さないだろうと考えました。王の軍隊であれば、王自身は前線に立たないので、身の危険を感じることなく、平気で部下たちを戦争に送り出します。だから、王の常備軍は否定しますが、国民が自ら祖国を守るために立ち上がって防衛戦争をすることについては、〝それを否定することはできない〟という表現で彼は認めるのです。

その意味では、カントは平和を唱えましたが、絶対平和主義ではありませんでした。戦争すべてを否定しているわけではないのです。どちらかというと、国王が常備軍を持ち、国王が恣意的に侵略行動をすることは道徳的でないと批判したのです。

カントの考える普遍性は、人類すべてに当てはまる普遍性で、ある意味、コスモポリタン的な発想を持っていました。彼にとって国というものは最終的な目標ではなく、国を超えた世界全体を見ていたのです。ドイツだけで成立するとか、イギリスでは成立するけどインドでは成立しないといったものではなく、あくまでも人類全体に共通のものとして彼は議論を行っています。

その意味で、彼の永遠平和というのは、コスモポリタン的な平和であり、道徳性に基づいた平和なのです。ただし、その道徳性は、必ずしも実現できるわけではないので、ひとつの理想モデルとして提示しているに過ぎません。しかし、それがなければ人々を律することはできないという発想なのです。

だから、カントの平和論を語る際に、単純に〝永遠平和〟と言うと、非常に誤解されやすいのです。現実を知らない哲学者の理想論だと思われがちですが、決してそういったものではなく、戦争は国家間における自然状態なのだから、〝永遠平和〟を唱えることでコントロールしなければならないという発想であり、そのために、常備軍の廃止や共和制の推進を提言するのですが、決して軍隊そのものを否定しているわけではなかったのです。これが、カントの永遠平和論について語る際に、もっとも気をつけるべきポイントになっているのです。

国家としての統合を求めたフィヒテ

一方、フィヒテは、ある意味、カントの弟子であり、カントの影響を受けて哲学を始めたので、道徳性を非常に強調します。その意味で、彼も理想主義者なのですが、カントとの違いはどこにあるかと言うと、戦争ということに関して言えば、カントはコスモポリタン的な考え方をするので、ドイツという発想は彼にはありません。

それに対してフィヒテは、ナポレオン戦争(5)によってドイツが破壊されていくのを目の当たりにしていることもあり、カントの立場を引き継ぐような形で登場したにも関わらず、彼にはコスモポリタン的な発想はなく、あくまでも荒廃したドイツを立て直すための国民教育を重視したのです。

その当時は、まだ存在していないドイツ国民という対象を想定して、てんでばらばらになった国民を統合するための教育。まだ存在しないドイツ国民性を、子供たちに、教育者たちに、そして知識人たちに、いかに目覚めさせるかが彼のテーマだったのです。

利己心を捨てるとか、傾向性を捨てるといったカントの道徳性は、フィヒテにもありました。しかし、フィヒテは、あくまでもドイツの国民的な統合を図るために、利己心を捨てなければならないと考えたのです。フィヒテの国家論は、一歩間違えば、ファシズム的なもので、彼は、国民は国家全体のひとつの歯車のような形で国に関わっていくという発想を持っていました。

だから、個人的な自由は否定し、国家として統合することを求めたのです。もちろん、このフィヒテの主張が、直接的にナチスに影響を与えたわけではありませんが、この時、初めてドイツ的な国民性というものが強く主張されたのではないかと思います。

国家こそが絶対的な基準

フィヒテの「ドイツ国民に告ぐ」は、ナポレオン占領下のベルリンで行われた講演であり、ナポレオンに対抗する意図があったわけですが、それに対してヘーゲルは、ナポレオンを見て感動したと言われています。イエナにナポレオンが侵攻して、ひどい状態になっているにも関わらず、ナポレオンを見て、「これが世界精神か」と感動を覚えたのです。

その意味では、フィヒテの煮えたぎるような熱いドイツ国民性とは異なる感性を持っていたようです。ヘーゲルはリアリストなので、あるべき世界とか、人間はこうするべきだといった理想をまったく信じません。

そこがカントともっとも対立するところで、むしろ現実がどうなっているかというところから出発すべきだと考えています。あるべき理想を描いたところで、それはまったく無力であるというのが彼の基本的な発想なのです。

だから、永遠平和論などを唱えたところで、現実は違うと一蹴してしまうのです。そして、カントはコスモポリタン的な普遍的な人類社会、世界共和国を理想としたのですが、ヘーゲルの場合は、それぞれの国民の国家を超えた上位概念はないと考えています。

あくまでも国家が最高の基準であり、当然のように国家は様々に分かれているので、その間の対立が大いにありうるというのが彼の発想です。国家の上に、何かそれを超えるものを想定すれば、国家間の対立を仲裁することも可能ですが、そんなものはありえないから、あくまでも国家単位でしか考えられないというのがヘーゲルの基本的な考え方です。

ヘーゲルの〝承認論〟

ヘーゲルにとっては、国家こそが絶対的な基準なのですが、彼は国家をひとつのまとまりがあるものとして、個人と同じだと考えます。そして、国家間の関係を考える時、彼は、主人と奴隷の関係をあらわす「承認論」を唱えます。これは、人間同士の関係においても、彼の中では一番根本となる概念で、自分の自立性は、他人が承認して初めて成立するという発想です。

個人の自尊心や名誉など、他人の下にはならない、他人に服従しないというのが自立性なので、他人と何かを巡って対立する場合、これは自分のものだということを相手が認めたら、相手が自分の下につくことを意味します。そうすると、お互いに相手を認めないので、結局、最終的には生死をかけた戦いになるという考え方であり、自立性は生死をかけた戦いに導くというのがヘーゲルの発想になっています。

極端な話、最後はどちらかが死ぬか、相討ちしかないので、勇気のない者は、戦うことなく相手を認め、下につくわけで、これを奴隷だとヘーゲルは主張したのです。それに対して、最後まで勇気を持つ者は、いわばチキンレースに挑むようなもので、先に折れたほうが奴隷で、最後まで折れなかったほうが主人になるわけです。

自分の自立性は、相手から認められて初めて成立するというのがヘーゲルの基本で、これを〝承認〟と呼んだのですが、国家間の関係も、彼は同じように考えます。一応、チキンレースにならないように、あまり重要でない問題は、互いに承認し合うという関係を作るのですが、譲れない問題が生じた場合は、結局、最終的には戦うしかなくなるわけです。

つまり、お互いが自分の名誉、つまり自立性をかけて戦うのが戦争なので、ヘーゲルにとっては、戦争は自立性を求める一番根本的なものとなり、カントのように、最初から平和を求めるようなことはありえないのです。ヘーゲルは、自立性を主張するために、つまり相手に承認させるために、自分の命を賭けて戦うことを否定しません。

逆に、それによってしか、人間の自立性は確保されないと考えているのです。そして、人間にとっても、国家にとっても、名誉というものは、相手に認められて初めて名誉となるわけですから、戦うことでしか獲得できないものであり、お互いに話し合って平和にしましょうということでは、名誉は生じないという発想を持っています。

大義によって変わる戦争の是非

さらに彼は、戦争そのものに倫理的な意義を感じていて、ヘーゲルにとっての平和状態は、個人的な利益を主張して、国家的な統一性が成立しない状態なのです。だから、平和な国家はそのうち国民が堕落すると考えており、国家というものは、ときどき戦争をすることで若返る、つまり、国家の統一性は、戦争という状態によってあらためて確立されるという発想を持っていたのです。

かなり危険な思想に思えますが、意外とこの感覚を持っている人はいて、「戦争くらいやったほうが、国民も少しは覚醒するんじゃないか」なんてことを言う人も珍しくはありません。しかし、ここがカントと対立するところで、カントは戦争は悪だと最初から思っているのですが、ヘーゲルの場合は、平和状態そのものが必ずしも善ではなく、むしろ、平和な状態は国民を堕落させると考えているわけです。

平和な状態は、国民がそれぞれ勝手な主張をして、それを認めてもらっている状態であり、国家としてのまとまりや、国民的な統合が基本的になくなっている状態なので、国として堕落してしまう。だから、戦争によってリフレッシュする必要があるというのがヘーゲルの発想なのです。

そして、国家を超えた原理というものは基本的に存在しないので、それぞれの国家同士が、お互いの面子や威厳を盾にして対立し合った場合、基本的にはどちらかが折れるしかなく、互いに引かない場合は、戦争しかないと彼は考えたのです。

時代や状況によって大義の形は様々であり、カントの場合は、コスモポリタン的な人類性が大義だったので、永遠平和を唱えたのです。それに対して、フィヒテやヘーゲルにとっては、国家や民族こそが大義であり、国家や民族を超えた人類という発想はありません。

だから、カントの永遠平和なんて、とぼけた寝言くらいにしか思わなかったのです。ドイツ国民としての自立性を獲得するのが大義であり、フィヒテは、戦争について議論していませんが、それによって、ずたずたにされてしまったドイツの国民性を取り戻すことが大義。ヘーゲルは、もはや戦争が前提であり、国家を超えた形の大義は存在しないので、人類の平和を求めるといった発想は持っていなかったのです。

コラム②

平和主義と戦争

〝平和主義〟という思想は、第二次世界大戦後までほとんど唱えられることはありませんでした。それ以前の、常に戦争行為があることが大前提の世の中において、平和主義を唱えたのはキリスト教者だったのですが、彼らは後に正戦論を唱え、大勢は正戦論で戦争行為を肯定するようになりました。もちろん、ごく一部には、戦争を否定する流派も存在しましたが、正統派のキリスト教はほとんどが正戦論に走ったのです。

最初は戦争に否定的で、平和を唱えていたキリスト教ですが、ローマに組み込まれることによって、軍隊の中にキリスト教者が入らなければならない状況が生まれました。そうなると、戦争を否定するわけにはいきませんので、戦争を肯定し、それにあわせて、正戦論も作られることになったわけです。
　また、ガンジーの無抵抗主義を思い浮かべた方もいるかもしれませんが、ガンジーの無抵抗主義が支持を集めたのは、インドがイギリスに支配されているときだけで、逆にイギリスから独立すると、今のインドを見ればわかる通り、誰も無抵抗主義なんて主張していません。その意味では、平和主義や無抵抗主義が受け入れられるのは、基本的に自分たちが排除されている側であり、その中に組み込まれたり、インドのように自分たち自身が支配、権力階級になったりすると、ほとんど唱えられることはなくなってしまうのです。

　近代の平和主義を考える際、理性的な形で、啓蒙的な考えを採れば、平和が達成できるという考え方があります。これはカントの立場でもあるのですが、カントが〝永遠平和論〟を唱えた時代は、国王の軍隊が戦争する時代であり、国王自身は戦争をしません。自分たちは安全なところにいるからこそ、彼らは戦争行為に対しては積極的な姿勢を見せていたのです。それに対してカントは、国王そのものが啓蒙化されることによって解消されると期待したのですが、プロイセンの啓蒙的なフリードリッヒ2世自身は、たくさんの戦争を起こしました。さらに言うと、フランスの啓蒙主義者たちも戦争行為に対して肯定的であり、啓蒙主義に基づけば戦争は起こらず、平和になるということは必ずしも言えず、結局のところ、第二次世界大戦までは、戦争行為がなくなることはなかったのです。

それではなぜ、第二次世界大戦後に、戦争が忌避されるようになったかというと、その一番大きな原因は〝核兵器による抑止力〟と言えるかもしれません。相手が核兵器を持っていると、ねじ伏せたと思っても、最後のひとりまで倒してしまわないと、最悪の反撃が待ち受けているわけです。最後のひとりまで倒すなんてことは基本的に不可能ですから、おいそれと戦争をすることができません。つまり、かなり逆説的な話ですが、核兵器が開発され、それを世界中の国が持つようになったことが、戦争のない状態に繋がったと言えるかもしれません。

その意味では、絶対平和を実現するための条件が核兵器になってしまっているのです。第二次世界大戦後の戦争は、ほとんどが地域間の紛争です。そして、その紛争では決して核兵器が使われないことが前提になっているのです。もしウクライナとロシアの戦争において、ロシアに対して核兵器を使うなんてことになると話は変わってきますが、第二次世界大戦後に大きな戦争が起こらない理由は核兵器の有無くらいしか考えにくいのが現状です。

平和主義、あるいは絶対平和主義は、戦後のひとつの大きな中心的な考え方、思想と呼べるかもしれませんが、それ自身は偶然的な形で、軍事力の結果として生まれたものと言えるかもしれません。私たちにとって、それが一番崇高な思想のように思えますが、歴史的に見ると、今まで一度も実現したことがなく、それを主張したキリスト教でさえ、自分たち自身で否定してしまったことを考えれば、啓蒙主義だとか理性によって達成するというのは非常に困難だと思います。

核兵器というものが作り出されたことが現代の長い平和状態を生み出したというのは、非常にパラドクシカルですが、絶対平和主義という理念の下に現在の平和があるわけではないというのが現実的な見方だと思います。

※1 カント
イマヌエル・カント（1724〜1804）。ドイツ（プロイセン）の哲学者。大陸合理論とイギリス経験論を合流させ、認識論にコペルニクス的転回をもたらし、ヘーゲルへと続くドイツ観念論の起点となった。

※2 フィヒテ
ヨハン・ゴットリープ・フィヒテ（1762〜1814）。ドイツの哲学者。ドイツ観念論を代表するひとりで、カントの影響を受け、その実践哲学を発展させた。ナポレオン占領下のベルリンで行った講演「ドイツ国民に告ぐ」で知られる。

※3 ヘーゲル
ゲオルク・ヴィルヘルム・フリードリヒ・ヘーゲル（1770〜1831）。ドイツ観念論を代表する哲学者。論理学、自然哲学、精神哲学からなる哲学体系を構築した。弁証法を定式化したと一般的には考えられている。

※4 シェリング
フリードリヒ・ヴィルヘルム・ヨーゼフ・フォン・シェリング（1775〜1854）。ドイツの哲学者。ドイツ観念論を代表するひとりで、「同一哲学」を唱えた。代表著作は『人間的自由の本質』。

※5 ナポレオン戦争
フランス革命後の混乱期、第一執政および皇帝となったナポレオン・ボナパルトに率いられたフランス軍によって引き起こされた戦争の総称。1815年のワーテルローの戦いで敗戦するまで約20年間、ヨーロッパ中を戦火に巻き込んだ。

第6章

革命のための戦争

19世紀型の戦争

革命といえば階級闘争であり、闘争といえば戦争になるわけですが、はたしてこの場合の大義は一体何になるのか。おそらく〝平等〟などが大義になるのかもしれません。人間の平等とか。

この章でお話しする〝革命〟という戦争は、フランス革命(1)からパリ・コミューン(2)までの19世紀型の戦争です。フランス革命によって王政が倒され、共和制となり、さらにナポレオンが登場して戦争が始まります。

この頃から、フランスを中心に多くの戦争が起こりました。ナポレオン、そしてその甥であるナポレオン3世が、いろいろなところにちょっかいを出したのです。イギリスや北欧、ロシア、イタリア、それら諸外国との戦争がフランス中心に行われ、それに乗じた形で、階級闘争が発生しました。

これがこの時代の戦争の特徴ではないかと思います。

ルソーの思想がフランス革命を準備したと言われますが、ルソーの思想は平等思想で、その平等思想が、それ以降の共産主義などの考え方に大きな影響を与えました。

この章では、マルクス(3)やエンゲルス(4)が中心になるのですが、むしろ彼らを取り巻く人たちを取り上げていきたいと思っています。

マルクスは現実主義者

マルクスはたしかに人気はありますが、正直な話、彼には未来社会論がありません。ないと言い切ると怒られますが、マルクスは資本主義を分析し、社会主義や共産主義へと向かわせるのにも関わらず、その後どんな社会にするかという未来社会論が貧弱なのです。

実際、マルクスの功績というのは、資本主義社会の矛盾を解き明かし、崩壊を予言したに過ぎず、マルクスを支持する人たちに、マルクスは共産主義者なのか、社会主義者なのかと聞いても、どのような回答が返ってくるかは微妙なところがあるのです。社会主義と共産主義はどう違うのかを聞いても、明確な答えが返ってくるかどうかは非常に怪しいです。

マルクスは、これまでの流れで言うと、リアリスト、つまり現実主義者であり、資本主義社会の分析に特化した思想家なのです。彼自身は、資本主義社会がどこに向かうかという話をするときに、社会主義とか共産主義みたいな発言をするのですが、そのモデルの具体的なイメージは非常に貧弱でした。だから、ロシア革命やそれ以降で語られる未来社会にはユートピア性がないのです。

実のところ、マルクス主義者は、自分たちの理論を拡大させる時に、社会主義や共産主義を主張する人たちを、理論闘争によってすべて潰していったという歴史があります。例えばエンゲルスの『空想から科学へ』というパンフレットでは、フランスの社会主義者や理論家の考え方はすべて間違っていると批判し、科学的に資本主義を分析しなくてはいけないというオチにするわけです。

つまり、彼ら自身が理論闘争をすることで、社会主義や共産主義における未来社会論を主張する人たちをどんどん潰していきました。それゆえ、未来社会の理想やイメージがいまだに存在しないのです。

マルクス主義者には、どんな社会を作っていくかという発想がありません。かつての共産主義や社会主義には、すべてを国が管理する〝国有化〟という発想がありましたが、実はこの国有化はマルクスたちの発想ではありません。あくまでも、レーニン(5)が社会主義国家を建設するために、仕方なく導き出した方向性でしかなかったのです。単純に、国有化が社会主義だと思われがちですが、これはあくまでも〝国有主義〟であって、社会主義ではありません。

マルクスたちも、共産主義化イコール国有化とは考えませんでしたし、国有化という主張もしていないのです。私有財産の禁止と国有化では話が違います。国有というのは、国家所有という、一種の私有財産に過ぎず、その意味で言えば、社会主義イコール国家所有みたいな形にしてしまったことが、おそらく、社会主義の最大の誤りだったのではないかと思います。

共産主義はバブーフの主張

さらに話を難しくするのは、社会主義や共産主義が、マルクスたちの発想ではないということです。もともと共産主義は、フランス革命の後、バブーフ(6)が最初に主張したもので、私有財産の廃止というのは共産主義者の主張なのです。それをフランス革命の時に、バブーフが主張し、後になってマルクスたちが受け入れたという歴史があるのです。

フランス革命当時から、社会主義というのは、フランスの人たちがよく使っていた表現で、その代表となるのがプルードン(7)やバクーニン(8)です。プルードンは、『貧困の哲学』という本を出したのですが、マルクスはそれに対して、『哲学の貧困』ともじって、プルードンを徹底的に批判しました。そして、それ以降のマルクス主義者が、プルードンなんて読むことはなかったわけです。

こうして、マルクスたちは自分たちの対抗者を次々と潰していったので、20世紀になると、マルクスの理論だけが正しいというイメージができあがってしまいました。

プルードンにせよ、バクーニンにせよ、さらにバブーフにしても、彼らは革命家なので、未来社会をどういう姿にするか、そのイメージを語っています。

例えばバブーフは、「私有財産を廃止する」「貧富の差をなくす」「差別を撤廃する」といったことを基本的に主張し、労働者たちが自ら資金を出して組合を作り、自分たちで工場を経営していくような社会の実現に向けた社会運動なども起こしたのです。しかし、そういった主張を、マルクスたちはすべて批判し、根こそぎ潰してしまったため、資本主義の後の未来社会像をイメージすることができず、結局、国有化だけが残ってしまったのです。

革命思想、革命の哲学と言うと、マルクスやエンゲルスが中心だと思われるかもしれませんが、実のところ彼らは傍流で、パリ・コミューンにおいても、彼らはごく少数派でしかなかったのです。パリ・コミューンを形作ったのは、マルクスたちが批判した、プルードンやバクーニン派の人たちで、基本的に彼らが実権を握っていました。さらに言えば、マルクスは当初、パリ・コミューン自体を批判していたのですが、なぜか急に、〝パリ・コミューンはすごい試みである〟みたいなことを書いて、大きな評価を受けました。

マルクスといえば、『資本論』や『共産党宣言』が有名ですが、実はパリ・コミューンを絶賛した『フランスにおける内乱』が、彼にとって一番売れた本かもしれません。批判の後に絶賛したマルクスですが、最終的にパリ・コミューンが崩壊すると、再び批判的な立場に戻りました。その意味では、どうして『フランスにおける内乱』においてのみ、積極的にパリ・コミューンを評価したのかは謎なのです。

フランス革命が、なぜそれ以前の民主的な革命以上に、その後の革命に繋がったかと言うと、フランス革命では「第三身分」のようなものが主題になったからだと思います。平民が貴族階級に対抗するという革命において、平民、すなわち第三身分が広がり始めて、市民革命、ブルジョワ革命から、プロレタリアート革命に繋がった最初の出発点がフランス革命なのです。

そして、フランス革命において共産主義を主張したのがバブーフでした。共産主義と言うと、我々はマルクスだと思いがちですが、フランス革命の時に唱えたのはバブーフなのです。彼は、フランス革命の時に私有財産の廃止を明確に主張しており、マルクスが私有財産の廃止と言い出したのは、バブーフらの主張を受け入れた形でしかないのです。

もともと私有財産の廃止はルソーの思想にもあって、誰かが土地を囲んで、これは自分の物だと勝手に主張したことが始まりであり、その意味では、私有財産は盗みから始まったといった形で批判しています。

そして、プルードンもフランス人で、同じように〝所有とは盗みである〟という言い方で批判しました。このように、所有、私有財産、私的所有ということに対する批判は根強くあったわけですが、それを一番最初に、共産主義思想として唱えたのがバブーフだったのです。

マルクスの功績とは？

それでは、はたしてマルクスとエンゲルスは何をやったのか？　彼らは、革命家たちの考え方を取り入れて、共産主義について語ったわけですが、実質的には彼らの主張ではありません。哲学的に言えばヘーゲルの流れを汲んでいて、ドイツの労働運動で、ヴァイトリング派と呼ばれる、職工組合のような形で組織された結社・義人同盟に参加しました。

なお、このときも途中から批判的な態度に変わっています。結社と言えば、陰謀論好きな方にはおなじみの、アダム・ヴァイスハウプトが創設した結社・イルミナティにマルクスが関わっていたというのも有名な話です。

マルクスの共産主義思想には、ユダヤ民族の普遍性であり、その社会組織を形成するようなものがあったと言われ、このあたりはイルミナティから来ているのか、ドイツの労働運動から来ているのかはわかりませんが、いずれにせよマルクスのオリジナルではないと思われます。そして、共産主義という考え方や概念そのものはバブーフから来ています。

それでは一体、マルクスは何をやったのかですが、フランスの社会主義が空想的社会主義と言われるのに対し、彼らが科学的社会主義と呼ばれる理由とも言える、資本主義の分析を行ったのです。資本主義という経済学の中に、崩壊の可能性、必然性を解明したのが、マルクスの功績だと言われています。

しかし、ここで注意したいのは、崩壊が必然であるならば、無理に革命運動を行う必要なんてないということです。つまり、社会が崩壊すれば、自動的に社会が変わってしまうという発想ですが、実はマルクスはこの発想を持っていた可能性があります。だから、実際に革命を行ったバブーフやプルードン、バクーニンは、革命家であり実践家なわけですが、それに対してマルクスは革命家にはなりませんでした。それはやはり、革命を引き起こすことによって生じる未来社会が明確な形で議論されなかったからではないかと思います。

マルクスとエンゲルスの源泉、オリジナルとなる思想は様々な形で見出されるのですが、彼らが自分たちで未来社会のイメージをどのように作ったのかは見えてきません。それに対してプルードンは、先にも述べた通り、マルクスにこっぴどく批判されて、マルクス主義者からはまったく評価されていないのですが、彼の議論の中に、アソシエーション論というものが出てきます。

これは労働者たちの組合のことで、フランスで社会主義運動を展開した人たちの間で使われていた言葉なのですが、実はマルクスも『共産党宣言』の中で、共産主義とは〝自由人たちのアソシエーション〟という表現を使っているのです。

ここで問題となるのは、マルクスがこの〝自由人たちのアソシエーション〟について、何も規定していないところです。かつて、マルクスの『共産党宣言』を読んだ人たちは、自由人のアソシエーションが共産主義なんだと思っていました。当時は、このアソシエーションがマルクスの言葉ではないということがあまり知られていなかったということもありますが、いずれにせよ、プルードンも含めたフランスの社会主義者が使っていた概念を、マルクスが共産主義のイメージとして利用したにすぎず、さらに、その具体的な内容についてはまったく触れていません。

それぐらい、『共産党宣言』の中で、共産主義社会という言葉は明確にされていないのです。さらに言うと、バクーニンは、今であればアナーキストとして批判されかねない人物なのですが、彼はマルクスの理論について、労働者による独裁政権を作ってしまえば、結局、労働者が自分たちの利益のために、政権を動かすことになるだろうという予想を立てていました。

そして実際、ソ連がマルクス主義を継承する形で国家を組織した時、バクーニンの予想通りに社会主義は動いてしまったのです。バクーニンのマルクス批判は、マルクス主義者によって否定されがちですが、実際の歴史を見ると、バクーニンの予想通りになっているのです。

パリ・コミューンで役割を果たせなかったマルクス、エンゲルス

結局のところ、マルクスとエンゲルスは、自分たちの社会主義、共産主義思想を展開するために『共産党宣言』を出したのですが、それ自身、様々な先行者や、それ以前の社会運動理論に基づいて構想されたものでした。そして、そういった先行者たちを、理論闘争によって潰してしまったため、マルクスたちには、資本

主義が崩壊し、必然的に社会主義に移行しますという命題しか残らなかったのです。

そうなると、社会主義国家を形成するためには、国有化くらいしか道が残っていないのですが、そもそも国有化は社会主義でも、共産主義でもありません。そして、社会主義で労働者が権力を持つと、バクーニンが言うように、非常に歪《いびつ》な独裁国家が生まれてしまうというのは、ソ連が証明してしまったのです。その意味では、18世紀末のフランス革命からパリ・コミューンまでの時期を〝革命の戦争〟とした場合、この時代を代表する哲学者であるマルクスとエンゲルスが、今後どれくらい重要性を持つかは、あらためて考える必要があるかもしれません。

この時代における理想主義は、プルードンやバブーフで、社会主義や共産主義という概念そのものを打ち出したのも彼らです。一方、マルクスたちは、自分たちの理論をひとつの最終的なモデルのような形で提示はしたものの、理想社会のイメージを明確に打ち出すことができませんでした。

その意味で言えば、マルクスたちは現実主義で、資本主義の崩壊を分析することはできましたが、もし崩壊しない場合はどうするのかについてはほとんど語っていません。だからこそ、彼らはパリ・コミューンにおいて、重要な役割を果たせなかったのです。当時の革命は、戦争によって打ち倒すというのが基本になりますが、この打ち倒すという考え方は、マルクスたちよりも革命家たちのほうが強く、マルクスたちは逆に、自然崩壊を分析したがゆえに、それに乗じて、被支配者が権力を獲得すべきだという方向に向かったのだと思います。

パリ・コミューンの崩壊が、〝革命の戦争〟の終焉になるのですが、パリ・コミューンの意義は、労働者、プロレタリアートが自分たちでも政権を握ることができるということを、初めて現実的に証明したことではないでしょうか。

そして、彼らなりに、未来社会に向けた実験も行ったのですが、数カ月で崩壊してしまったため、それが花開くことはありませんでした。それに対してマルクスたちは、労働組合を大きくして、ちゃんと選挙することで権力を獲得しないと最終的には負けてしまうという立場だったので、パリ・コミューンの早期崩壊は、いわば思うツボだったかもしれません。

パリ・コミューンを、フランス国内だけでなく、諸外国との関係から見ると、パリ・コミューンが成立したのは、フランスがプロイセンとの戦争で負けたことが契機となっています。つまり、外部の戦争と連動して、階級戦争が引き起こされているわけで、1848年の革命にしても、フランスは外国と戦争中の状態でした。マルクスが最初にパリ・コミューンに反対していたのは、時期尚早だと思っていたからです。

しかし、プロイセンに負けて、急激に国内で反乱が起こり、マルクスとしても認めざるをえなくなったという経緯があります。革命の戦争は、国内だけで起こるものではなく、外国との戦争によって国内が混乱している、あるいは国内の政権が批判されているなど、経済的にも政治的にも不安定な状況において、それに乗じて階級闘争が勃発するのです。

ただし、階級闘争の場合、先の見通しがないのが問題で、旧政権、旧社会を打倒するところまでは、熱意も豊かで、批判的な活動もできるのですが、倒した後にどうするかというイメージを描くのが難しいのです。

デカルトは戦争に行った後に哲学をやり直そうとした時、数学に基づいて学問体系を構築するという、基本的なモデルを持っていました。

しかし、マルクスは、社会改革をしようとして、資本主義を潰した後にどうするかという未来社会の青写真が描けていませんでした。

その意味でも、マルクスは傍観者であり、資本主義は潰れる、だけど今ではないのでまだ動くべきではない、それくらいの感覚でしかなかったのかもしれません。

※1　フランス革命
1789年にフランスで起こったブルジョア革命で、ブルボン王朝による絶対王政を打破し、共和政を成立させた。革命後に制定された「人権宣言」で国民の自由・平等を謳い、封建的特権や身分制が廃止されたほか、憲法が制定された。

※2　パリ・コミューン
普仏戦争に敗戦した後のフランス・パリにおいて、1871年に誕生した史上初の労働者階級（プロレタリアート）による自治政府。約2カ月の短命政権となったが、後の社会主義・共産主義の運動に大きな影響を与えた。

※3　マルクス
カール・マルクス（1818〜1883）。ドイツの哲学者であり経済学者。共産主義の目的と見解を示した『共産党宣言』や、資本主義を研究、批判した『資本論』で知られる。マルクスの示した経済学は後世に大きな影響を与えた。

※4　エンゲルス
フリードリヒ・エンゲルス（1820〜1895）。ドイツの哲学者。マルクスとともに『共産党宣言』を手掛けた。マルクスの盟友で、彼の死後、その遺稿をもとに、『資本論』の第2部・第3部を編集・刊行した。

※5　レーニン
ウラジーミル・イリイチ・レーニン（1870〜1924）。ロシアの革命家であり政治家。1917年の十月革命を成功に導き、1922年のソビエト連邦成立にあたっては、初代の人民委員会議議長に就任した。レーニンは筆名で、本名はウリヤノフ。

※6　バブーフ
フランソワ・ノエル・バブーフ（1760〜1797）。フランスの革命家。私有財産制の廃止を主張し、政府転覆を狙った「バブーフの陰謀」の後に処刑された。「共産主義」という用語を現代の意味に確定した人物と言われる。

※7　プルードン
ピエール・ジョゼフ・プルードン（1809〜1865）。フランスの社会主義者。「無政府主義の父」と呼ばれる。二月革命に参加した。『財産とは何か』『貧困の哲学』などを著したが、マルクスから『哲学の貧困』で強い批判を受けた。

※8　バクーニン
ミハイル・バクーニン（1814〜1876）。ロシアの哲学者。第一インターナショナルに参加するもマルクス一派と対立する。マルクスを評価しつつも権威主義的共産主義として批判。無政府主義を貫き、プロレタリア独裁を否定した。

第7章

総動員としての戦争

ユンガーが生み出した〝総動員〟という概念

20世紀は〝総動員としての戦争〟、つまり総力戦です。この総力戦は第一次世界大戦で始まります。これは私もあまり意識していなかったのですが、エルンスト・ユンガー(1)という文学者が、第一次世界大戦でドイツが敗北した後、兵士を追悼する文章を書きながら、テクノロジー概念を発表するのですが、それが〝総動員〟という概念です。

もともと総動員という概念自体は、19世紀に戦争で兵士を動員するという形でできた概念なのですが、これを技術的な意味で使い始めたのがユンガーです。

ユンガーの総動員が総力戦と近づくのは、第一次世界大戦のように、軍隊が戦うだけでなく、国民が銃後の戦いのような形で経済面を支えるとか、鉄道などが武器や食料を輸送するといったように、すべてのものが戦争の中に組み込まれていくという感覚です。

それまではそういった形の戦争はなく、いわば、国家におけるごく一部だけが戦うのが戦争でした。それに対して、軍人が火力の下で戦うだけではなく、後ろの国民も経済面や輸送面など様々な形で戦争に加担するような、国内全体でのまさに総力戦、これを総動員と呼んだのです。

そして、総動員という形で戦争を行った国こそが第一次世界大戦で勝利したというのが、ユンガーの総括です。第一次世界大戦でドイツが負けたのは、結局、総動員が不十分だったからであり、総動員が上手くできた国が第一次世界大戦の勝利者になっていると考えたのです。

このように、軍隊、経済、輸送などをすべて国民全体に結びつける総動員の直接的な意味は、全面的な動態化です。総動員と言うと、徴兵のように、かき集めてくるというイメージになりがちですが、ユンガーの場合は、様々なパーツがばらばらではなく、全体としてまとまって動き始め、そして全体的なシステムを作り上げることが総動員であると考えました。

変わる〝テクノロジー〟の概念

シュペングラーが『西洋の没落』という本を出した、19世紀末から20世紀にかけての西洋社会は、そろそろ自分たちの優位性が終わるという感覚があり、それに対して、取り組むべきものとして出てきたのがテクノロジー、すなわち技術でした。技術に関しては、西洋人ではなく東洋人、特に日本人を強く意識していました。

すなわち、技術によって西洋そのものを打ち倒すかもしれないという発想で、それによって自分たちの没落性をさらに意識し、終末意識を持ったのです。その一方で、西洋の没落を乗り越える手段は技術であるという発想もありました。19世紀というのは、初めて科学が実用化された時代で、ヨーロッパ各国で工業化が進み、ドイツの場合は、工科大学がどんどん作られるようになりました。そうして、たくさんのエンジニアが生み出され、エンジニア向けの書物や啓蒙的な本もたくさん作り出されました。

当時のヨーロッパにおける技術、テクノロジーは、現代の感覚とは少し異なり、どちらかというとロマン主義的に理解される傾向にありました。ロマン主義と言うと、土地や故郷といった田舎のイメージで、そうしたものに郷愁を覚えるのがロマン主義の発想でした。技術というのは、それに反しているようなイメージが強いと思いますが、技術にロマン主義的な可能性を求める動きが19世紀末に起こったのです。

そして、特にドイツでは、技術そのものが、人々の感情的な強い憧れを生み出していくようになったのです。ドイツだけでなく、イタリアでも未来派という形で、自動車や工業機械、建築などに近代的でモダンなものが登場するなど、テクノロジーに対して強い憧れを持ちました。

つまり、テクノロジーが、単なる技術的という範疇を超えて、国民的な統合や国民的な憧れを生み出したのです。その意味で、ロマン主義というのは、昔は土地などに強い愛着を持っていたのに対し、今度はテクノロジーに対して強い憧れを持つようになったのです。そして、それが20世紀初頭のヨーロッパでは、大きなムーブメントになりました。

それまでのテクノロジーは、単なる道具に過ぎなかったのですが、その合理性にまで憧れを持つようになり、特に未来派においては、戦争とテクノロジーは美しいというのがひとつのキャッチフレーズになったのです。

つまり、戦争も技術も、これまでは自分たちの目的を実現するための手段に過ぎなかったのに、その中に美しさを感じるようになったわけです。その意味で、20世紀の初頭に、テクノロジーというものの概念が変わったのです。そして、その概念を変えてしまったのがユンガーなのです。

ユンガーは、総動員という概念としてのテクノロジーを考えました。今まで、技術は何らかの目的を実現するための道具という理解だったところが、今度は、人や物を含めて、全体的なひとつのシステムを形作るものとして理解するようになり、その中に美しさを感じるようになったのです。

それがテクノロジー概念の転換で、それによって戦争そのものが総動員という形でまったく変わってしまいました。それがちょうど20世紀初頭に起こったのです。

ハイデガーは、技術というものを全体的な繫がりで捉えましたが、それはユンガーの総動員という概念から来ています。この当時、テクノロジーの概念を変えた人が3人いて、最初に言い出したのがユンガーであり、それを引き継いだ哲学者がハイデガー、そして政治学者カール・シュミット(2)でした。興味深いのは、この3人はみんなファシスト的な思想家だと言われているのですが、ナチスに全面協力しなかった人たちでもあるのです。

20世紀になり、この3人を中心に、テクノロジーの概念は大きく変わりました。そして、戦争の中での重要性が強調されるようになったのです。なお、この当時、技術論が流行し、技術が単なる手段や道具ではなく、国民そのもののひとつの理想モデルのような形で啓蒙する動きがありました。それがある意味、ドイツの方向性で、技術の持つデザイン性に惹かれたのがイタリアです。両国の技術礼賛主義が、最終的にファシズムに至った点も、あわせて注目しておきたいポイントかもしれません。

第一次・第二次世界大戦と哲学者

第一次世界大戦は、これまでの戦争とは違い、総動員、総力戦体制が特徴です。一部の人だけが戦争に参加するのではなく、国民全部が、兵士にはならなくても、国内にいても戦争に加担するという戦時体制が構築されるようになりました。

これが、おそらく第一次世界大戦と第二次世界大戦の特徴で、いかに総動員体制を作り上げられるかが、勝敗の分かれ目となったのです。それに気づいたのがユンガーで、彼は新しい戦争の形態だと理解しました。

そして、それは単なる戦争の形態だけでなく、テクノロジーの形態でもあるとして、テクノロジーと戦争を結びつけたのです。これはある意味、彼の中では美学でもありました。

戦争に対して批判的なものが生まれだしたのもこの時期で、例えば『西部戦線異状なし』のように、戦争に参加した兵士たちが、戦争の無意味さを自覚するような話が小説化されたりしました。

それに対してユンガーは、同じように戦争に参加しながらも、塹壕戦でともに戦い、亡くなっていった友人たちへの哀悼の意を表するなど、戦争に対する積極的なイメージを作り出していった側面もあったのです。

塹壕戦といえば、もともとトレンチコートは、塹壕（トレンチ）で戦う兵士が着用していたコートが起源であり、戦争というものが、ファッションなど美的感覚に結びつくのは珍しいことではありません。

例えば日本でも、〝同期の桜〟のように、同じ戦場で戦ったことに対する共同性に強い憧れや美意識を感じる風潮があったのは同じです。そして、戦争に対する美意識なども、これまでの戦争にはなかった態度なのです。

総動員主義を政治的に行うと、一方ではファシズムの形態に繫がる可能性があります。ヒットラーが大衆運動としてのファシズムを行ったのは今さら述べるまでもないでしょう。しかし、ユンガーにせよ、ハイデガーにせよ、カール・シュミットにせよ、彼らの思想そのものはファシストと言われかねないものですが、なぜか彼らはそのムーブメントに乗ることはありませんでした。

ユンガーが書いた『労働者』は非常にわかりにくい本で、一般的に労働者と言えば、マルクスの理念だとか〝万国の労働者よ団結せよ〟みたいな感じで、資本家との対立概念として語られることが多いのですが、ユンガーの労働者は、兵士なのです。兵士であり、かつ物を作る人、それが彼の考える労働者であり、総動員の中に組み込まれた一人という発想だったのです。

各個人が別々に自由に行動するのではなくて、全体のシステムの中で、いかにその全体そのものを形作っていくのか。その中において、自分の生命をなげうつような形で活動する人を、彼は理想的な労働者であると考えたのです。彼が考える労働者は、戦争に参加する兵士であり、経済的な形で参加する人でもあるのです。

ベンヤミンとプロレタリアート革命

フランクフルト学派の哲学者であるベンヤミン(3)の『複製技術時代の芸術』は、〝アウラの喪失〟みたいな話が有名で、複製技術という話が出てくると、芸術そのものが持っている崇高性、アウラ性がなくなるといったことが強調されがちです。

しかし、ベンヤミンの意図はそこになく、彼は複製技術として映画をイメージしているのですが、映画というものをどうしていくべきかという話をしているのです。そして彼の直接的な意図は、ファシズムとの対決でした。ファシズムの場合、ヒットラーをイメージするとわかりやすいと思いますが、彼らは政治を美学化、芸術化したという表現で批判します。つまり、政治そのものを芸術表現として利用したということです。

有名なのはオリンピックの映画ですが、ヒットラーは様々な映画を撮ることによって芸術化し、国民がみんな同じ方向を向くように導きました。ヒットラーの映像はたくさん残っています。

それは、政治そのものを映像化することによって、国民をまさにファシズムへ向かわせようとしたからです。そして、政治を美学化することに対抗するためにはどうすれば良いかというのがベンヤミンの問いだったわけです。

そこで彼が逆転の発想として、芸術をまさに政治化しないといけないと考えました。芸術を政治化するというのは、プロレタリアート革命(4)の方向に芸術を利用するということです。

実際のところ、ベンヤミン自身は、それは一番最後のプログラムとして述べたにすぎず、具体的に芸術や映画をどうすれば良いかという基本的かつ積極的な定義は行っていません。

その意味で私は、ベンヤミンはファシズムに負けたのだと思います。ファシズムは、非常に実効的な形で映像化を行い、実際に人々をファシズムに導くために映画を利用しました。一方のベンヤミンは、映画芸術を何とかしてプロレタリアート革命に結びつけようとしたのですが、結局それはスローガンに留まったのです。

スローガンとしては格好良いのですが、〝政治を美学化する〟というファシズムのほうがやはりわかりやすいのです。政治そのものを映像化することで、ファシズムに導くというのは、非常にイメージしやすい。ベンヤミンはそれに対抗するために、〝芸術を政治化する〟と言い出したわけですが、おそらくそれだと、つまらないものしかできないのではないかと思います。

芸術を政治的なものに利用するようになると、芸術作品がつまらなくなるのは、ある意味、当然です。おそらくプロレタリア文学をイメージして、それを革命運動に繋げるような発想だったのだと思いますが、ベンヤミンの場合は複製芸術なので、文学ではなく映画をどうするかが問題です。しかし、彼には具体的なイメージがなかったのです。

ベンヤミンを研究している人は具体性がないなどとは言いませんが、私には具体性がないように見えますし、そのためにファシズムに負けたのだと思います。スローガンを述べるのは知識人の常套手段ではありますが、やはり具体性がないと負けてしまうのです。

西洋を乗り越えようとした京都学派

日本の京都学派は、「近代の超克」という形で西洋を乗り越えようとしました。

もともと西田幾多郎の、西洋哲学を超える形での東洋の哲学という発想がずっと京都学派にはあり、ちょうどヨーロッパが「西洋の没落」を意識し始めたのに乗じて、東洋の原理によって乗り越えようと考えるのは、ある意味では自然なことかもしれません。そこから〝大東亜共栄圏〟のような発想に至るのも、発想としてはありえる話だと思います。

西洋が没落するのであれば、東洋の原理、すなわち東洋の共同体というものを形成して西洋に対抗する。そして日本がその中心になるというのは、時代背景を考えれば、それほどおかしな話ではなかったのです。

そして、それが彼ら自身にとっては、戦争に協力するひとつの大きな根拠になった部分もあります。要するに、ただ戦争に加担するということだけではなく、今こそ西洋を超えるという発想が彼らにはあったのです。

この時代は、日本でも技術論が大流行し、ドイツの技術論がたくさん翻訳されました。つまり、日本でも技術論が強調され、旧財閥だけでなく、特に新興財閥の人たちが、その技術に対して非常に大きな可能性を感じ、大陸そのものを開発するといった発想がありました。

このように、西洋のテクノロジーの流行と、日本の大東亜共栄圏の発想の下での技術に対する着目は、非常に同時代的なもので、さらに日本の場合は、西洋思想を超えるという発想が加わり、京都学派がそれに対する論理的な根拠を出そうという意図があったのです。

世界のトレンドになった国家総動員

ちょうどこの時代には、社会としても、総動員体制あるいは総力戦体制が作り出されています。国の官僚や役所が率先して、企業そのものを指導し、経済を動かしていくというスタイルは、第二次世界大戦中に作られた総力戦体制なのです。

〝国家総動員法〟という法律も、言葉そのものからして、完全に意図した形で作られていることがわかります。国家総動員法と聞くと、何となく日本における軍国主義のイメージばかりが強調されますが、実は日本に限った話ではなく、世界的な20世紀の大きなトレンドだったのです。

これは意外と重要で、私たちは国家総動員法に対して、国民の自由を奪う軍部の暴走みたいなイメージを強く持っていますが、実際はヨーロッパも含めた20世紀の世界トレンドに乗ったもので、別に日本の特殊な事情で作られたものではなかったのです。その内容が正しかったか間違っていたかは別の話で、歴史の流れにおいて、必然的かつ普遍的な法律であることは間違いないのです。

戦前の動きというのは、どうしてもネガティブなイメージで切り取られがちですが、時代背景を考えると、動き自体は理解可能なものだったと言えます。この動きはアメリカも同じで、フォード主義(5)はまさに工場そのものを総動員化するという発想です。

このように、20世紀初頭は、国家の軍事体制も、経済体制も、様々な輸送や通信も含めたすべてを総動員化することがひとつのトレンドであり、それに失敗すると、戦争に敗北すると考えられていました。

実際、それが上手く行かなかったから第一次世界大戦で敗北したという発想から始まっている考え方ですから、当然といえば当然です。

そういった状況の中、カール・シュミットは、もはや総動員は、国家だけに限定されるものではないということを戦争の末期に自覚します。つまり、飛行機が飛び始めると、国内だけでは完結できないという発想で、これまでは一国だけで完結できていた総動員が、もはや国内だけに留まらず、世界的に総動員体制を敷く必要があると考えたのです。

そして、国内だけに総動員は限定されないという考え方の究極が、まさに今のインターネットであり、もはや全世界的な総動員体制になっているのです。つまり、ユンガーのイメージした総動員は、現在のインターネットであり、その最終的な形をカール・シュミットは予想していたのかもしれません。

ナチスに利用された全体主義

第2章でも少し触れたように、ポパーの解釈では、プラトンとヘーゲルとニーチェ(6)は国家主義者であり、それがナチスに繋がったと考えます。もちろん、プラトンの発想が直接的にナチスに繋がるということではなく、プラトンの考え方そのものが全体主義であるということを言いたかったわけです。

実際プラトンは、自分自身が政治家として哲人王になろうという発想を持っていましたし、『ポリテイア』、すなわち『国家』は、国家形成のプログラムとして書いたものです。

それに対してニーチェは基本的に詩人なので、そういう意識はまったくなかったのですが、別の見方をすると、国民詩人という側面があり、国民教育には非常に都合が良い人でもあったのです。文学者の役割のひとつは国民教育であり、その意味で、ニーチェは非常に使いやすい人でした。

ニーチェは、様々な解釈ができる多面的な人物です。戦争に関して、ニーチェは当然のようにたくさんのことを語っているのですが、どちらかというと「戦争と戦士」のような威勢のいい言説を行っています。ニーチェの文章は、論文調ではなく、いわば軍隊調の、短くセンテンスを切った、何か鼓舞するような文章なので、それがナチスに上手く利用されたところもあります。彼の文章は非常に利用しやすかったのです。〝戦争がすべての目的を正当化する〟みたいな文章は、探そうと思えばすぐに探し出せるのがニーチェの特徴と言えるかもしれません。

ところが、ニーチェは多面的、多義的な人物だからこそ、いかにも戦争を肯定し、戦争に導くような強い口調で語っているのにも関わらず、それが本当に戦争のことを語っているのか、あくまでも比喩的な意味で戦争という言葉を使っているのかを限定することができません。

例えば、先程の「戦争と戦士」についても、その戦争について〝認識の戦争〟

なんてことを言い出すのです。そのため、認識そのものを〝相手に対する戦い〟みたいな形で捉えているとも考えられるわけで、具体的な戦争なのか、比喩的な戦争なのかを限定できるような書き方はしていないのです。

自衛のための戦争を否定したニーチェ

私たちもしばしば比喩として〝戦争〟という言葉を使うことがありますが、彼は全面的に戦争の用語で語りながら、ただし〝認識の戦争〟みたいな、何らかのヒントのようなものを入れてくるわけです。そして、その上で、本当の戦争について語っている可能性もゼロではないのが余計に混乱を招くことになります。おそらくニーチェは、どちらかに限定できるようにはわざと書いていないのだと思いますし、それがニーチェらしさなのだと思います。

しかしながら、ニーチェの戦争を礼賛する文章を見つけるのは非常に簡単で、戦争について否定しているようには決して見えません。おそらく、それ自体は間違いないことだと思います。だから、ニーチェの文言を利用して、戦争を全面的に肯定するような文章やプロパガンダを作るのはあまり難しいことではありません。そして、それを実際にナチスが利用したという実績もあります。もちろん、ナチスが想定した戦争行為を、ニーチェが同じように想定していたかどうかはクエスチョンマークが付きますし、それこそがニーチェの一番難しいところではないかと思います。

そして、ニーチェは戦争について全面肯定しているような文章を書きながら、一方で、戦争を批判する、戦争反対に通じるような議論もしています。それこそがニーチェの多義性を示すものだと言えますが、その中でも一番面白いのは、自衛のための戦争を否定するところです。

相手がこちらを攻めてくる場合、自分たちはあくまでも善人で、悪いのは攻めてくる側であることを前提とする〝自衛戦争論〟というものがあります。日本の自衛隊もおそらく同じ発想で、自分たちには侵略する意図がなくても、周辺の国が侵略してくるかもしれないから、自衛のために軍備を増やすという考え方ですが、ニーチェはこの行為自体を、人間性として浅ましいと考えるのです。自分たちだけが善人ぶって、悪人は外にいるという発想自体がいやらしいと。そして、自衛のための戦争を否定するのです。

自分たちだけは戦争行為をしないというポーズそのものが、ニーチェにとっては偽善者のように見えるわけです。そして、そこから極端に議論を飛躍し、自衛のために備えるくらいなら自分たちの武力を一切放棄することのほうが偉大なことかもしれないと語るわけです。実際、そんなことができるわけがないと思って彼は語っています。

今まで、自分の国の武装を放棄した国はあった試しがなく、戦争はあくまでも自衛のためだけで、積極的に起こす気はないと言っている国ですら武器を放棄することは一切ありませんでした。だから、それを逆手に取り、自発的に自分たちの武器を一切放棄すれば戦争は起こらないということを極端な形で論じるわけですが、それ自身は決して戦争を否定しているということにはならないのです。

いくらでも誤解できるのがニーチェ

ニーチェが戦争を肯定しているのか、否定しているのかを考える場合、ニーチェが平和主義を唱えることだけはありえないという前提があります。ニーチェの基本的な発想は「力への意志」です。つまり、自分たちの力を増大するということは、当然のように相手がいるわけで、戦いを通じて、相手を支配するということも当然含む考え方なのです。

相手が素直にこちらの支配を受け入れるなんてことは想定できません。つまり、

「力への意志」という概念そのものには、戦争行為や戦いが最初から当然のように含まれていて、それを否定するような平和主義は基本的にありえないのです。そして、これこそがニーチェの基本的な立場なのだと思います。

ニーチェの中には、戦争と平和を対立軸として、戦争を否定して平和を肯定するような発想は基本的にありません。そのため、文面だけを読むと非常に誤解されやすく、だからこそ誤解されてきた部分があるのです。そして、誤解させようと思えば、いくらでも誤解させられるような文章を見つけることもできます。しかし、それ自身は、ニーチェの戦争論そのものをおそらく見誤っているのだと思います。

少し余談になりますが、ニーチェの「力への意志」は、かつては「権力への意志」と訳されていました。一般的に、ドイツ語で〝力〟というと、自然科学的にも使える「クラフト（Kraft）」が使われることが多く、ショーペンハウアーが

「生きる力」というときは、この「クラフト」を使っています。しかし、ニーチェは、政治権力などに繋がる社会的な支配を含むような「マハト（Macht）」を使っています。おそらく意図的にだと思いますが、他者に対する支配関係を含むようなドロドロとした〝権力〟という概念を使って、その向上や増大を目指すという彼の発想は、それゆえにナチスに気に入られた部分でもあったのです。

戦後の日本の研究者たちは、ニーチェのイメージがナチスと結びつくことを嫌い、「権力への意志」ではなく、「力への意志」と言い換えるようになりました。ただ、それは逆にニーチェの牙を抜く行為ではないかと思います。彼自身、誤解されることがわかっていながら、それにも関わらず「マハト」を意図的に使っていたのは、おそらくそれこそがニーチェのやり方だったからだと思います。

ニーチェにとっての戦争とは

さて、ニーチェの戦争論は非常に微妙で、いくらでも戦争礼賛の文章を見つけ出すことができるため、それだけを抜き出して、肯定的な戦争論としてニーチェを批判するのはとても簡単なことです。そして実際、ニーチェ自身が意図的に戦争と結びつけて語っているため、それを全否定するのは逆に難しいかもしれません。さらに、戦争と平和を対比した場合に、「平和こそが人間的な美しさ」みたいな発想に対して、非常に批判的な部分もありますから、それゆえに肯定的な文章が多かったのかもしれません。

結局、ニーチェは解釈が多義的で、ニーチェ自身も意図的にそれを狙っていた節があります。戦争礼賛をニーチェの中から読み取ることはできますが、その戦争が何を意味しているのかは一義的には決まりません。さらに、戦争行為そのものを肯定する一方で、自衛のための戦争や武力放棄といった形での戦争に対立することも語るわけです。

結局のところ、ニーチェは戦争について多義的に、しかもその多義性を意図的に語っているため、その真意はなかなか読み取りにくいのですが、ニーチェの根本には「力への意志」「権力への意志」という発想があることを考えれば、戦いや支配に対して否定するような考え方はなかったのではないかと思います。

ひとはなぜ戦争をするのか

『ひとはなぜ戦争をするのか』という本は、アインシュタインの「なぜ人間は戦争をするのか」という手紙に対するフロイト(7)の返事を綴った書籍です。最初は普通の話をしながら、最終的には、精神分析学に基づくフロイトの持論に沿って、彼の戦争論、戦争がなくなるのかどうかについて語っています。

フロイトの発想では、人間の心は広大な〝無意識〟に占められていて、この無意識を突き動かすのが欲望であり、その欲望は人間にとって制御しにくいものと考えます。そして、人間の欲望（欲動）は2つに分けられ、一方はエロスと呼ばれる〝性の欲望〟、これはセックスの性であると同時に、生み出すほうの生も意味しています。

そしてもうひとつが破壊的な欲望。こちらはタナトゥス（死）という言い方をするのですが、この2つの欲望は決して消し去ることができないという視点から、フロイトとしては、人間には相手を支配するなど、殺人も含めた破壊的な欲望がもともと備わっているのだから、簡単に戦争を否定することができないと語っているのです。

つまり、フロイトにとっては、戦争は本能的な活動であるというのです。だからこそ、戦争を簡単に終わらせることができるのかどうかについて、フロイト自身は自信を持っていません。その欲望が絶たれない限り戦争はなくならないのですが、その破壊的な欲望をなくすことはそもそも不可能なので、何か別の形で昇華させる必要があるというのがフロイトのひとつの方向性となっています。そのひとつが文化であり、それによって戦争を抑止しようという話になるわけですが、フロイトがどこまでそれに自信を持っているのかはあまり読み取れないと思います。

フロイト以外の人も、文化形成や理性的な形で戦争を抑止するという発想に至るわけですが、フロイト自身は、文化によって無意識的な欲望を抑止できるとはどうも考えていないようで、アインシュタインに対しても、はっきりとした形で、こうすれば戦争が終わりますという答えは出していません。あくまでも、戦争が起こる理由は、人間の無意識的な欲望にあり、これ自体は消し去ることが不可能であるというところまでで、ここから後についてはフロイト自身も語っていないのです。

これはもはや解釈の問題になるのですが、非常にわかりやすい言い方をすれば、戦争はなくならないと言っているように理解することができます。破壊的な欲望をなくすことはできないので、何らかの形で抑圧、あるいは抑止する必要があるわけですが、歴史上を振り返ってみても、例えば文化の形成によって戦争が終わったことなどないということは、フロイトももちろん承知しているわけです。

そして、フロイトの非常に面白い点は、破壊的な欲望を悪く考えてはいけないと言っているところです。それもまた人間のひとつのあり方として肯定した上で、それがなければ、私たちの歴史はありえないし、文化もありえないと考えているのです。戦争を否定して、平和を肯定するという考え方をする人はたくさんいますが、フロイトの考え方では、戦争と平和の二者対立はありえません。

彼の二大欲望論では、一方で破壊的な欲望であるタナトゥスがあり、もう一方で平和的な性の欲望であるエロスがあり、この2つは決して消し去ることができないわけですから、これらを上手く組み合わせることによって、戦争を何とか回避できるのではないかという希望を持っている側面はありますが、戦争そのものがなくなるといった甘い発想はフロイトにはなかったと思います。

もともと精神分析学は、欲望に対してどのように関わるかが問題であり、フロイト左派と呼ばれる人たちのように欲望を解放しようという考えもあったわけですが、フロイトはその立場には立たず、欲望があることを理解した上で、それを理性的な形、文化的な理性によって制御できるのではないかという発想があったことは間違いありません。しかし、それが上手くいかないからこそ神経症が存在するのであり、フロイトにとっては、戦争も同じような症状であると理解されていたのではないかと思います。

なお、フロイトは、個人と社会を分けて考えることはせず、個人の欲望の問題が、そのまま社会的な戦争に結びつくような形で論じています。戦争を個人の欲望原理だけで説明できるかどうかは非常に大きな問題ですが、アインシュタインへの手紙において、フロイトは社会的な関係性について触れておらず、自分にとって一番根源的なものを答えたに過ぎません。

社会、そして人間関係の中で欲望がどのように変化するかについて、彼がまったく想定していなかったとは考えにくいのですが、あくまでも手紙の返事という形であったため、「なぜ起こりますか?」という質問に対して、人間の根源にある破壊的な欲望によって引き起こされるのだから、簡単にそれを否定できないし、回避できるとは思えないと答えただけなのだと思います。

ニーチェとフロイトは比較的同じ時代を生きた人だからかもしれませんが、意外と考え方が似ている部分があります。欲望的なものを「力への意志」と理解すれば、ほとんど同じと考えることができるかもしれません。ニーチェにせよ、フロイトにせよ、戦争行為そのものは決して目的ではありませんが、人間としての行動原理において最終的に行き着いてしまうものだと理解していたのかもしれません。

※1 エルンスト・ユンガー
エルンスト・ユンガー（1895〜1998）。ドイツの軍人で文筆家。第一次世界大戦および第二次世界大戦に従軍。その体験をもとに多くの著作を執筆している。第一次世界大戦を「総動員」の戦いと総括。ドイツ軍人ながら、ナチスに対しては批判的な立場をとった。

※2 カール・シュミット
カール・シュミット（1888〜1985）。ドイツの政治学者で哲学者。ナチス政権下のベルリン大学の教授を務めた。議会制民主主義や自由主義を批判し、ナチスに協力するも後に失脚。第二次世界大戦後、ニュルンベルク裁判で尋問を受けるが不起訴となる。

※3 ベンヤミン
ヴァルター・ベンディクス・シェーンフリース・ベンヤミン（1892〜1940）。ドイツの哲学者。代表著作『複製技術時代の芸術』において「アウラ」の概念を表し、「芸術のための芸術」を反ファシズムの立場から否定した。

※4 プロレタリアート革命
労働者階級（プロレタリアート）が資本家階級（ブルジョア）による政権を打倒し、プロレタリア独裁を樹立するための革命。プロレタリア革命とも呼ばれる。民主主義革命であるブルジョア革命と対をなす言葉で、資本主義社会から社会主義社会への転換を目指す。

※5　フォード主義
米フォード社が同社の自動車工場にて採用した生産手法や経営思想で、製品の単純化や部品の標準化を行うことによって大量生産・販売を実現するための生産システム。高度経済成長を支え、現代の資本主義を特徴づける概念としても捉えられる。

※6　ニーチェ
フリードリヒ・ヴィルヘルム・ニーチェ（1844〜1900）。ドイツの哲学者で、ニヒリズムの到来を予言。「永遠回帰」「力への意志」などの思想を残した。主著は「神が死んだ」で知られる『ツァラトゥストラはかく語りき』。

※7　フロイト
ジークムント・フロイト（1856〜1939）。オーストリアの精神科医。精神分析の創始者で、深層心理学の代表的なひとり。「無意識」を発見したことで知られる。代表著作は『夢判断』『精神分析入門』。

第8章

ポストモダンの戦争

ハイブリッド戦争の時代

現代の戦争は〝新しい戦争〟だと様々なところで言われていますが、その中でも〝ポストモダンの戦争〟に注目しているのは、やはりウクライナの戦争であり、これが新しい戦争という意味での主戦場のようになっているからです。

この新しい戦争というのは、20世紀末くらいから語られている戦争論で、〝ハイブリッド戦争〟という表現が使われます。

これまでの戦争は、基本的に軍隊による戦いがすなわち戦争でした。総動員というのは、軍隊だけでなく、経済的なものや通信、輸送などを含めた全体による戦争なのですが、それを超えた現代の戦争がハイブリッド戦争と呼ばれるのは、軍隊として相手を攻撃するだけでなく、むしろサイバー戦や情報戦といった、非軍事的なものの割合が非常に大きくなってきたからです。

その意味で言えば、例えばウクライナの戦争の場合、軍事的な戦争というのは4割くらいしかないと言われています。これは、軍が衝突する前から様々な戦いが繰り広げられていたということで、なぜプーチンが悪人になっているかと言えば、ある意味、サイバー戦や情報戦の結果であり、ロシアがウクライナに侵攻した時点で、すでにある程度の戦いの行方は決まっていたのです。

ウクライナはアメリカの広告会社と契約していて、ロシアがいかに悪であるかを印象づける宣伝工作をずっとやっていたと言われています。このように軍隊としての力以外のものを使って戦争をするというのは、もちろん20世紀の戦争にもありました。例えば、ナチスの場合は、映画を使って戦争を美化しようとしましたし、これもひとつの戦術だったわけです。

こういった戦術レベルでは、ナチスがかなり早くから取り入れていたのですが、それが21世紀になり、ハイブリッド戦争という形で語られる場合は、ただの戦術ではなく、それそのものがひとつの戦争として認識されるようになっているのです。

単純な情報戦と言うだけでなく、ハイブリッド戦争と言われるようになったのは、もちろんアメリカで命名された言葉ではあるのですが、実は中国で「超限戦」と呼ばれる戦争論が20世紀末に登場し、これがハイブリッド戦争の最初の理論化だと言われています。

ロシアのゲラシモフ(1)もハイブリッド戦争の理論を打ち出しているように、もはや今の戦争は、サイバー戦や情報戦など様々な戦争の中のひとつとして、軍事的な戦いを行うようになってきているのです。

リアル世界とデジタル世界の逆転

このように戦争というものの形態が大きく変わってきたのは、やはり、情報ということも含めて、インターネットやデジタル通信の登場、そして進化が非常に大きいのではないかと思います。

リアルな世界と、サイバー世界あるいはデジタル世界を考えた場合、今まではリアルな世界での戦争が基本で、その上にデジタル世界が乗っていたのですが、インターネットが全世界的に整備されることによって、リアル世界よりもデジタル世界のほうが大きな影響を及ぼすようになりました。

つまり、リアル世界とデジタル世界の逆転が、21世紀における非常に大きな転換点だと思います。もともと21世紀は、20世紀後半のポストモダンのひとつの大きな方向性だと言われます。ポストモダンになり、世界における正当性が崩壊し、多様な価値の対立、ダイバーシティと呼ばれるものが前面に出てきました。

現代という時代の大きな特徴は、冷戦構造が崩壊したことであり、それがまさにポストモダンの始まりになっています。今まで資本主義と共産主義といった対立構造があり、その対立構造の中で政治家が動くことによって、直接的には戦争を行わない対立となっていたのです。

国際政治には〝脅威一定の法則〟と呼ばれるものがあって、これは第三のものが脅威として存在しないと、2つの対立は安定性が保たれないというものです。その意味で言えば、核の脅威があったからこそ、資本主義と共産主義の対立が、実際上はホットな戦争にならなかったとも言えます。

ところが、1989年のベルリンの壁の崩壊にはじまる冷戦構造の終焉によって、一方の共産主義自体が潰れてしまうと、全世界が資本主義社会一辺倒になってしまったわけです。これをフランシス・フクヤマ(2)は〝歴史の終わり〟と表現するのですが、その意味はあまり理解されていません。

これは、共産主義がなくなり、全世界が資本主義一色になれば、対立構造がなくなるので、戦争もなくなるという考え方で、〝歴史が終わる〟というのは〝対立が終わる〟という発想だったのです。しかし、実際はどうなったでしょうか。

多様性という形での対立

共産主義が終われば対立もなくなると思われていたのに対し、その後も様々な対立構造が生まれました。その最たるものがグローバリズムと多極主義の対立構造になるわけです。

つまり、グローバリズムが進展すれば、アメリカ一極主義という形での世界支配が成立するので、対立はなくなるだろうと考えられていたのですが、実際にはイスラム圏であったり、中国圏であったり、最近ではロシア圏であり、南米圏であり、そしてアフリカ圏といった具合に、非西洋諸国とでもいう枠組みが台頭してくることになったのです。

そして、共産主義と資本主義という世界を二分するような対立ではなく、様々な圏域や文明圏によって多極化した新たな対立が生まれました。非常にわかりやすかった資本主義と共産主義の対立ではなく、複雑で多様な対立構造。これこそが、ポストモダン時代の大きな特徴である、多様性という形での対立になるのです。

そして、技術的な意味で言えば、デジタルネットワークが形成されることによって、リアルな世界とはまったく異なるデジタルネットワークそのものの重要性が、リアルな世界を侵食してしまうことによって起こる対立。それによって戦争そのものも、軍事的な対立だけではなくデジタルネットワークにおける戦争、あるいはそれを利用した情報戦というものが生まれたわけです。

限定されない戦争がハイブリッド戦争

世界的に左翼が死んだように言われるのは、これまで目標としてきた、マルクス主義だとか社会主義だとか共産主義と言ったものがなくなってしまったことが大きな理由になっています。そうすると、左翼は何をするかと言えば、「民主主義を守れ」みたいなことを言い出すわけです。

左翼というのは、今の社会を変えて、なにか新しい、それこそ革命後の世界のようなものを作ることがひとつのモデルになっていたのに対し、それがなくなってしまったために、今度は「今の社会を守れ」みたいな発想になってしまったのです。そうなると対立がなくなるかといえば、そういうわけでもなく、社会に左翼がいなくなるのと同時に、今度は反動勢力だったり、右翼だったりが、今の社会を変えようと言い出すわけです。

そして、右翼が新たに革命性を帯びることで、今度は革命右翼のようなものが全世界的に流行することになりました。実際、現代社会で政治的に面白い運動をしているのは、フランスでも右翼ですし、全世界的に新しい右翼というものが活動をしています。ニック・ランド(3)なども新しい右翼と言えるわけで、これが世界的な大きな流れになっている中、この反動右翼と結びついているのが、実はロシアのユーラシア主義みたいな発想になるわけです。

ハイブリッド戦争は、直接的な軍事行動だけでなく、サイバー戦や情報戦など、様々な形で多様な戦争を行うことなので、その意味では、戦争が限定されません。だから「超限戦」という中国語は非常に良くできていて、限定されたものを超えた戦いこそが、ハイブリッド戦争となるわけです。

サイバー戦というのは、何もスパイ活動みたいなことだけではなく、様々な情報を流して相手を攪乱させることも含まれます。その意味で言えば、ウクライナとロシアの戦争におけるサイバー戦は、ウクライナの圧勝とも言える形で、ロシアは最初から不利な状態にありました。ロシア、あるいはプーチンは悪だと決めつけられ、領土欲に燃えた極悪人のように全世界のメディアでは取り扱われました。そして、一方のゼレンスキーはあたかもヒーローのようにもてはやされたのです。これもハイブリッド戦争のひとつの形です。

サイバー戦において、デジタルネットワークがリアルの世界における非常に重要な位置づけとなることによって、リアルとサイバーの領域が逆転するわけです。

現実世界が成立した上に情報が形成されるのが今までの発想でしたが、サイバーネットワークが形成され、それが社会インフラになると、ちょっとしたサイバーテロがあっただけで、社会そのものが動かなくなってしまうこともありえます。

その意味でも、ハイブリッド戦争においては、軍事以外のものが重要になってくるのです。

人間同士の戦いの終わり

これまでの戦争は、歴史を振り返ればわかる通り、人間同士の戦いでした。人間が大義を求め、その大義に基づいて戦うのが、従来の戦争のあり方だったのです。しかし、ハイブリッド戦争の時代になり、デジタルネットワークが重大化することで、サイバーテクノロジーが転換しました。

その結果として、ＡＩやロボットなどの機械、つまり非人間的なものが大きな役割を担うようになり、今までのような人間同士の戦争がなくなってしまう可能性も出てきたのです。

むしろ、これから始まろうとしているハイブリッド戦争では、多様な、軍事だけに限定されないという意味での多様な、そして人間同士であることにも限定されない戦い、人間対機械であったり、人間対ロボットあるいはＡＩといった形になるかもしれませんし、さらに先に進んで、機械同士の戦いということになれば、もはや戦争という概念すら変わってしまうかもしれないのです。

人間同士の戦いであれば、相手の生命を奪うだとか、あるいは相手を支配することが戦争なのですが、機械同士であれば、そこには破壊しかありません。もはや戦争ではなく、破壊でしかなくなるのです。そして、機械同士の戦いにおいて、人間は今度どんな役割を果たすべきなのか。

これからの戦争が機械同士の戦いになるのであれば、戦争というものが終わるかもしれません。それは決して平和になるという意味ではなく、機械同士なので破壊にしかならないという意味です。

ドゥルーズ(4)とガタリ(5)が唱えた「戦争機械」という概念は、あくまでも人間が戦う時に、様々な形で戦うことを表現したものですが、それが今度は文字通り、戦争をする機械、機械そのものが戦争をするという時代が、今後やってくる可能性があるかもしれません。

戦争と哲学の関係を考える時、今後は、戦争の形態が変わるだけではなく、戦争という概念そのものが終わるかもしれない。我々は今、そういった未来も感じさせるハイブリッド戦争の時代を迎えているのです。

※1 ゲラシモフ
ワレリー・ゲラシモフ（1955〜）。ロシアの軍人。軍事行動を政治・経済・情報・人道などの非軍事行動と同等に位置づける「ゲラシモフ・ドクトリン」で知られる。ウクライナ侵攻において総司令官に任命されたが、現在は解任されている。

※2 フランシス・フクヤマ
フランシス・ヨシヒロ・フクヤマ（1952〜）。アメリカの政治学者。東西冷戦終了後、著書『歴史の終わり』にて、民主主義と自由経済が最終的に勝利することで、それ以降は社会制度の発展が終結し、安定した体制が維持されると主張する。

※3 ニック・ランド
ニック・ランド（1962〜）。イギリスの哲学者。「サイバネティック文化研究ユニット」の共同創立者で、加速主義に強い影響を与える。現在は、新反動主義運動である「暗黒啓蒙」運動をブログを通じて展開する。

※4 ドゥルーズ
ジル・ドゥルーズ（1925〜1995）。フランスの哲学者。ポスト構造主義を代表するひとりとされるが、本人は否定している。ニーチェやカントなど様々な哲学者に関する研究書を執筆。『アンチ・オイディプス』や『千のプラトー』など、ガタリとの共同著作でも知られる。

※5 ガタリ
ピエール・フェリックス・ガタリ（1930〜1992）。フランスの哲学者で精神分析家。フロイト的精神分析を批判し、ドゥルーズとの共同著作である『アンチ・オイディプス』や『千のプラトー』などで名前を上げた。

おわりに

「戦争と哲学」というテーマのもとで、古代ギリシャ時代から現代までを駆け足でたどってきました。ページ数も限られていますので、細部にわたってお話しできませんでしたが、基本的なことは示すことができたと思います。

このテーマが重要なことは誰も否定しないと思いますが、残念なことに、今まではほとんど論じられなかったのです。たしかに、誤解されやすい問題ですから、避けて通る方が無難かもしれません。とはいえ、昨今の世界状況を見ますと、「戦争」を無視して哲学を考えることなどできないと思われます。そのため、リスキーなことは十分承知したうえで、あえて私なりの見通しを語ってみました。

現代フランスの哲学者ジャック・デリダは、かつて「あらゆる哲学は本質的に政治的である」と述べたことがあります。これをもじって言えば、「あらゆる哲学は本質的に戦争的である」と表現することができます。そう、哲学の活動そのものが、戦争だったのです。とすれば、戦争を視野に入れるかどうかは、「哲学」の存立にかかわるように思えます。戦争を排除した哲学など、はたしてありえるのでしょうか？

とはいえ、誤解はないと思いますが、本書は戦争を鼓舞する哲学でもなければ、戦争のどちらかの陣営に肩入れするイデオロギーでもありません。私のスタンスは、どの本でも同じなのですが、一歩身を引いた形で、現実に何が起こっているのかを理解することにあります。この姿勢は、「戦争と哲学」というテーマには、何よりも必要な態度だと思われます。というのも、ウクライナの戦争で明白になったのですが、戦争にしろ、哲学にしろ、どれかを「推し」て感情的に熱狂することが多々あるからです。これでは、現実が見えなくなってしまいます。まさに、恋は……。

今回、「戦争と哲学」というテーマを考えるとき、一番苦心したのは、どのような形でアプローチするか、という方法でした。前例がなかったこともあって、最初は手探りの状態で始めたのですが、戦争にしても、哲学にしても、理想主義（理性主義）と現実主義（経験主義）という対立は、歴史的に一貫しています。そこで、この観点に立って、戦争と哲学の歴史を全体として捉え直したのが、本書になります。

細かな点については、それぞれの専門分野の研究者の方から補強していただくとして、基本的な歴史の流れについては一つの提案をいたしました。これがはたしてよかったのかどうかは、読者のみなさんに判断していただくしかありません。できれば、一つの見方として、本書が今後の理解のためのキッカケになってくれるならば、私にとってこれ以上の喜びはありません。

なお、本書を読んだ後、もう少し詳しく考えたいという読者のために、巻末にブックガイドをつけています。それぞれの章ごとに、3、4冊程度掲載していますが、これらは本書でも利用しています。その数は多くはないのですが、それぞれに当たってみて、自分自身の目で判断するのはとても重要なことです。私の理解を相対化するためにも、ぜひ読んでいただくことをおすすめいたします。

最後になりましたが、本書は同じシリーズの前三著と同様に、企画と編集の過程で田島孝二さん、糸井一臣さんに大変お世話になりました。深くお礼申し上げます。

岡本　裕一朗

もっと先まで考えたい人のためのブックガイド

序章

「戦争」といえば、たいていは悪いものだとされ、これに反対するのが人類の義務のように言われる。しかし、もしかしたら、人間は口では戦争を忌避しながら、心の奥では戦争を欲望しているのではないか。そう思ったら、まずは2つの本を読むことをおすすめする。

マーチン・ファン・クレフェルト、石津朋之監訳『戦争文化論』上・下（原書房）

アザー・ガット、石津朋之・永末聡・山本文史監訳『文明と戦争』上・下（中公文庫）

第1章

現在進行中の出来事なので致し方ないが、ウクライナの戦争について多面的な形で論及した本は、残念ながら見たことがない。今のところ、様々な視点からの論文などを読むしかなさそうだ。基本的な視点を与えてくれるものとして、3つの本を読んでみたい。

エマニュエル・トッド、大野舞訳『第三次世界大戦はもう始まっている』(文春新書)

ハルフォード・ジョン・マッキンダー、曽村保信訳『マッキンダーの地政学』(原書房)

ジョン・J・ミアシャイマー、奥山真司訳『大国政治の悲劇』(五月書房新社)

第2章

古代ギリシャにおいて、哲学者たちは戦争に対して何を語り、どう考えていたのか。それを理解するには、哲学者たちの本を読む必要がある。基本となるのは、プラトンとアリストテレスの本である。それ以前のものについては、断片的な資料集しかないが、ピックアップしながら読むとよい。また、人物評伝として面白い本もある。

内山勝利編集『ソクラテス以前哲学者断片集』全6冊（岩波書店）

プラトン、藤沢令夫訳『国家』上・下（岩波文庫）

アリストテレス、三浦洋訳『政治学』上・下（光文社古典新訳文庫）

ディオゲネス・ラエルティオス、加来彰俊訳『ギリシア哲学者列伝』上・中・下（岩波文庫）

第3章

中世哲学については、馴染みがない人が多いだろう。そのときは、最初に概説的な本を読むのが役に立つ。その後で、イメージがついたら、個々のものを読むことになる。しかし、どれも膨大なので、部分的に確認することになるだろう。訳本にしても、抄訳になっているものもある。

アウグスティヌス、服部英次郎・藤本雄三訳『神の国』1〜5(岩波文庫)

トマス・アクイナス、山田晶訳『神学大全』1、2(中公クラシックス)

リチャード・E・ルーベンスタイン、小沢千重子訳『中世の覚醒』(ちくま学芸文庫)

第4章

近代哲学の本を読むときは、知識論から始めるのか、社会理論から進めるのか、そのいずれかによって読み方が変わってくる。またテーマごとに様々な文献があるので、ここでは一番基本的な書物を挙げておく。ただ、どれも一筋縄ではいかないので、注意しておきたい。

ホッブズ、水田洋訳『リヴァイアサン』1〜4（岩波文庫）
ロック、角田安正訳『市民政府論』（光文社古典新訳文庫）
デカルト、山田弘明訳『省察』（ちくま学芸文庫）
ライプニッツ、米山優訳『人間知性新論』（みすず書房）

第5章

カント、フィヒテ、ヘーゲルの理論的な本は、それぞれの言葉づかいに慣れる必要があり、読めばすぐにわかるものではない。それに比べ、社会的で実践的な議論は、問題も馴染みがあり、それほど苦労しない。ある意味では、ここから入門するのが、彼らの哲学への早道かもしれない。

カント、丘沢静也訳『永遠の平和のために』(講談社学術文庫)

フィヒテ、早瀬明・菅野健・杉田孝夫訳『ドイツ国民に告ぐ　政治論集』(晢書房)

ヘーゲル、上妻精・佐藤康邦・山田忠彰訳『法の哲学』上・下(岩波文庫)

第6章

19世紀における「革命と戦争」については、今までマルクス主義の影響が強く、その他の視点からの研究がきわめて少なかったようだ。しかし、『歴史の終わり』以降、あらためてこのテーマを再検討する時期にきている。従来の紋切り型の理解では、歴史のダイナミズムは見えてこない。今後、面白い研究が出てくることを期待している。

フィリップ・ブォナローティ、田中正人訳『平等をめざす、バブーフの陰謀』（法政大学出版局）

マルクス、エンゲルス、森田成也訳『共産党宣言』（光文社古典新訳文庫）

マルクス、木下半治訳『フランスの内乱』（岩波文庫）

プルードン、河野健二訳『プルードン・セレクション』（平凡社ライブラ

リー）
バクーニン、左近毅訳『国家制度とアナーキー』（白水社）

第7章

今日テクノロジーをどう理解し、哲学においてどのように位置づけるかは、重要な問題となっている。そのなかで浮上してきたのが、ユンガーやハイデガー、カール・シュミットの技術論である。技術を単に道具として理解するのではなく、より広い文脈で捉え直すと、現代の抱える危機も見えてくる。

エルンスト・ユンガー、川合全弘訳『労働者』（月曜社）
フリードリヒ・ゲオルク・ユンガー、F・G・ユンガー研究会訳『技術の完成』（人文書院）

ハイデガー、関口浩訳『技術への問い』(平凡社ライブラリー)

カール・シュミット、生松敬三・前野光弘訳『陸と海と』(慈学社)

第8章

20世紀末に旧共産主義国が崩壊すると、世界はしばらくリベラル・デモクラシーに席巻されたように見えた。ところが、ほどなくして、〝歴史の終わり〟が幻想だとわかってしまった。21世紀になって、世界はどこへ向かって行くのか、それを考えるために、新たな戦争の形態を知っておきたい。

喬良・王湘穂、坂井臣之助監修、劉琦訳『超限戦』(角川新書)

メアリー・カルドー、山本武彦・渡部正樹訳『新戦争論』(岩波書店)

ドゥルーズ、ガタリ、宇野邦一・小沢秋広・田中敏彦・豊崎光一・宮林

寛・守中高明訳『千のプラトー』上・中・下（河出文庫）
ニック・ランド、五井健太郎訳『暗黒の啓蒙書』（講談社）

●著者プロフィール
岡本 裕一朗（おかもと・ゆういちろう）
1954年、福岡県生まれ。玉川大学名誉教授。九州大学大学院文学研究科哲学・倫理学専攻修了。博士（文学）。九州大学助手、玉川大学文学部教授を経て、2019年より現職。西洋の近現代哲学を専門とするほか、哲学とテクノロジーの領域横断的な研究も行う。主な著書に、『哲学の名著50冊が1冊でざっと学べる』（KADOKAWA）、『世界を知るための哲学的思考実験』（朝日新聞出版）、『いま世界の哲学者が考えていること』（ダイヤモンド社）、『教養として学んでおきたい哲学』『教養として学んでおきたいニーチェ』（マイナビ出版）ほか多数。

マイナビ新書

戦争と哲学

2023年11月30日　初版第1刷発行

著　者　岡本裕一朗
発行者　角竹輝紀
発行所　株式会社マイナビ出版
〒101-0003　東京都千代田区一ツ橋2-6-3 一ツ橋ビル2F
TEL 0480-38-6872（注文専用ダイヤル）
TEL 03-3556-2731（販売部）
TEL 03-3556-2735（編集部）
E-Mail pc-books@mynavi.jp（質問用）
URL https://book.mynavi.jp/

装幀　小口翔平＋嵩あかり（tobufune）
DTP　富宗治
印刷・製本　中央精版印刷株式会社

　ISBN978-4-8399-8385-7

Printed in Japan